Los Visitantes Interestelares

Notas sobre la Incertidumbre Científica y la Producción Asistida por IA:

Incertidumbre Científica

Este libro aborda conceptos científicos, observaciones e interpretaciones relacionadas con fenómenos naturales que aún no se comprenden por completo. Si bien se ha hecho todo lo posible para garantizar la precisión, la ciencia que rodea a los objetos interestelares, las detecciones anómalas y los procesos astrofísicos asociados están en constante evolución. Las conclusiones, modelos e interpretaciones presentados aquí reflejan el mejor juicio del autor al momento de escribir y pueden cambiar a medida que surgen nuevas evidencias. Se invita a los lectores a consultar la literatura científica actual para obtener la información más reciente.

Producción Asistida por IA

Algunos elementos de este libro —incluyendo conceptos iniciales de diseño, sugerencias de maquetación y borradores preliminares de figuras— fueron desarrollados con la asistencia de herramientas modernas de inteligencia artificial. Todas las decisiones creativas, los diseños finales, las interpretaciones y el contenido escrito fueron dirigidos, seleccionados y aprobados por el autor. Los derechos de autor de esta obra pertenecen íntegramente al autor humano

Para mi hijo — cuya curiosidad me recuerda que lo
inexplorado es una invitación, no un límite.

Tabla de Contenido

El porqué de este libro

Este libro no trata solo de anomalías, sino de lo que estas revelan sobre nosotros como civilización. Cada vez que la humanidad se encuentra con algo que no puede explicar, la forma en que reaccionamos revela mucho sobre nosotros —nuestro asombro, nuestro miedo o incluso nuestra violencia. Cada encuentro con lo desconocido nos coloca un espejo frente a nosotros.

Mientras escribía este libro, me encontré frente a ese espejo acompañado de inesperados colaboradores: las herramientas modernas de inteligencia artificial. Estas, se convirtieron en espejos intelectuales por derecho propio. Desafiaron mis suposiciones, aceleraron la investigación y me llevaron a la claridad en donde la ambigüedad intentaba esconderse. La IA no pensó por mí, pero me ayudó a pensar más rápido y a debatir conmigo mismo con mayor eficacia. Y en un libro sobre cómo podríamos responder ante formas de inteligencia desconocidas, trabajar con una de ellas se sintió como una extensión honesta del propio tema.

Hay otra razón por la que escribí este libro —una que tiene que ver menos con el cosmos y más con nosotros. En los últimos años, he visto cómo partes del proceso científico se han vuelto cada vez más rígidas, cautelosas y defensivas. La especulación, que alguna vez fue la chispa del progreso científico, es frecuentemente tratada como una amenaza. La ciencia no debería funcionar así, la ciencia avanza cuestionando sus suposiciones, no protegiéndolas. Crece a través de la curiosidad, no de la conformidad. Sin embargo, hoy en día, investigadores que se atreven a explorar interpretaciones no convencionales —incluso cuando están fundamentadas en datos— suelen ser descartados, marginados o ridiculizados. A medida que el debate se limita, la imaginación se contrae, y el espíritu que llevó a la humanidad de la ignorancia al entendimiento comienza a apagarse.

Esto también está conectado con una brecha en la comunicación científica que rara vez reconocemos. Las personas no acuden a la ciencia solo en busca de respuestas; también buscan asombro y la emoción de imaginar lo que podría ser posible. Los libros pseudocientíficos entienden este instinto y lo explotan. La comunicación científica tradicional, en su esfuerzo por evitar errores, a menudo obstaculiza la imaginación. Pero la imaginación no es enemiga de la ciencia; es su motor. Si creamos un espacio donde la curiosidad sea guiada en lugar de reprimida —donde la especulación sea disciplinada en lugar de descartada— fortaleceremos tanto la integridad científica como la participación del público.

Este libro existe porque las anomalías son oportunidades. Revelan quiénes somos, cómo pensamos y qué tememos. Y antes de poder comprender las anomalías en sí mismas, debemos comprender a la civilización que las encuentra, es decir, nosotros mismos.

Introducción

Visitantes interestelares: porque al parecer el universo pensó que no teníamos suficientes cosas de que preocuparnos.

En 2017, los astrónomos detectaron algo moviéndose por nuestro sistema solar. Viajaba rápido y en un ángulo pronunciado. Cuando los astrónomos reconstruyeron su trayectoria, se concluyó que el objeto no era de aquí. Fue el primer visitante interestelar confirmado en la historia humana.

Recientemente, apareció otro objeto —diferente en forma y comportamiento, y aún más difícil de clasificar—. Con cada nueva anomalía, queda claro que nuestros modelos son limitados y nuestras explicaciones titubean. Este libro no trata de demostrar lo que son estos visitantes. Se trata de comprender lo que nos muestran y nuestra disposición —o falta de ella— para imaginar con responsabilidad.

Como geofísico, he pasado más de veinticinco años estudiando señales ambiguas y anomalías desconcertantes. Las herramientas de mi campo —análisis de señales, modelado probabilístico y análisis de incertidumbre— se aplican tan bien al cosmos como a la Tierra. Estos visitantes interestelares ponen a prueba más que nuestra ciencia. Las lecciones más profundas vienen de observar cómo reaccionamos cuando algo no encaja en las categorías en las que confiamos.

Este libro es una invitación a explorar esos límites —y a considerar lo que estos viajeros silenciosos podrían estar revelándonos sobre nosotros mismos—

Comencemos.

Capítulo 1: 3I/ATLAS, el visitante más extraño hasta ahora...

Los astrónomos querían una noche tranquila, el universo dijo:
No

Llegó en silencio, sin ninguna razón para llamar la atención. Durante varias semanas, 3I/ATLAS fue solo otra tenue mancha de luz entre muchas otras que los astrónomos rastrean de manera rutinaria. Solo más tarde, cuando su trayectoria por el Sistema Solar fue reconstruida con mayor cuidado, comenzó a surgir el contorno de algo inusual. Su órbita, su comportamiento y su momento de llegada son inesperados. A medida que la trayectoria se volvió más clara, se concluyó que este objeto no se originó aquí. Ha llegado desde el frío espacio interestelar entre las estrellas, trayendo consigo una historia que aún no sabemos cómo interpretar.

Este no es nuestro primer visitante interestelar. Dos habían pasado antes —1I/'Oumuamua en 2017 y 2I/Borisov en 2019— y juntos nos habían dado una idea de lo que la naturaleza podría enviarnos desde más allá del Sistema Solar. Pero 3I/ATLAS no encaja cómodamente en ese panorama inicial. Se mueve a lo largo de una trayectoria que parece casi demasiado bien ubicada para observar (desde su perspectiva). Se ilumina y acelera de maneras que desafían nuestros modelos. Y su paso cerca del límite gravitacional de Júpiter se proyecta con una precisión que incluso los observadores más cautelosos han encontrado difícil de ignorar.

Cuanto más se examina, más se resiste el objeto a una clasificación simple. No porque alguna característica aislada sea imposible —nada en 3I/ATLAS viola la física conocida— sino porque aparecen juntas tantas características poco comunes. Se acumulan de una manera que nos obliga a considerar preguntas que normalmente no nos formulamos. 3I/ATLAS no es simplemente otro cometa. Es, por cualquier medida razonable, el visitante más anómalo que hemos observado hasta ahora. Comprenderlo es el primer paso para comprender lo que podría venir después.

Hasta la fecha, solo se han identificado tres objetos interestelares. El primero, 1I/'Oumuamua, nunca fue fotografiado directamente, pero mostró un comportamiento que sigue siendo difícil de reconciliar con los modelos estándares de cometas. El segundo, 2I/Borisov, se comportó exactamente como un cometa convencional. El tercero, 3I/ATLAS, ha mostrado un conjunto de comportamientos —trece, quizá catorce dependiendo de cómo se agrupen los datos— que no se alinean claramente con lo que esperaríamos de un objeto natural. Ninguna de estas anomalías, por sí sola, implica algo extraordinario. Pero juntas forman un patrón de comportamiento difícil de ignorar.

Entre los científicos convencionales, el profesor Avi Loeb destaca como el primero —y durante mucho tiempo el único— investigador dispuesto a considerar públicamente la posibilidad de que un objeto interestelar pudiera tener un origen artificial. Independientemente de lo que uno piense de esa idea, su disposición a decirlo en voz alta rompió una barrera conceptual. Abrió un espacio para que la comunidad científica reconociera que algunos visitantes interestelares muestran comportamientos que quizá no encajan cómodamente dentro del catálogo familiar de procesos naturales. En ese sentido, la contribución de Loeb tiene menos que ver con la conclusión específica y más con el cambio que permitió: la libertad de plantearse una gran pregunta.

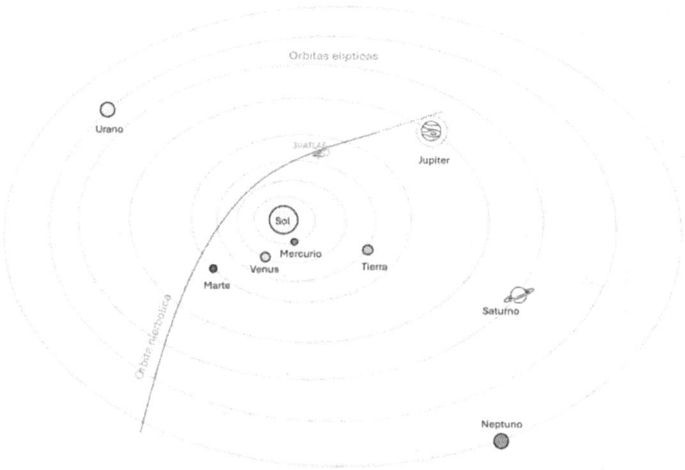

Figura 1. Órbita hiperbólica de 3I/ATLAS atravesando nuestro Sistema Solar. Las órbitas elípticas están gravitacionalmente ligadas al Sol. Las órbitas hiperbólicas no están ligadas, lo que indica que el objeto se originó fuera del Sistema Solar

En esta sección, el objetivo es examinar de manera disciplinada el conjunto completo de anomalías asociadas con 3I/ATLAS. El enfoque es esencialmente un análisis de patrones: tomar los datos observacionales tal como existen y explorar cómo los comportamientos documentados del objeto se alinean con distintos escenarios interpretativos. La meta no es declarar lo que es 3I/ATLAS, sino comprender cómo encaja su comportamiento dentro del espectro de posibilidades —desde procesos completamente naturales hasta actividad intencional— evitando afirmaciones de certeza donde aún no existe ninguna.

Inventario de anomalías de 3I/ATLAS y las tensiones interpretativas

Antes de poder decir algo significativo sobre lo que 3I/ATLAS podría representar, necesitamos observar directamente lo que realmente hizo. Cuando este libro fue escrito, el objeto ya había pasado por el perihelio (su punto más cercano al Sol) y se dirigía hacia Júpiter, dejando tras de sí un rastro de mediciones que no encajan cómodamente en ninguna categoría familiar. No presentó un solo enigma, sino una constelación de ellos —geométricos, químicos, fotométricos y dinámicos—. Cada uno puede explicarse por separado; sin embargo, tomados en conjunto forman un patrón difícil de ignorar. Aquí es donde la interpretación se vuelve incómoda: la región donde las explicaciones naturales comienzan a sentirse forzadas y las explicaciones artificiales empiezan a parecer menos descabelladas de lo que preferiríamos.

El propósito de esta sección es simplemente exponer las anomalías con la mayor claridad posible. No para sensacionalizar ni para forzar una conclusión, sino para establecer una base factual. Lo que sigue es un catálogo de los rasgos que destacan en el registro observacional, presentado sin especulación para que el lector pueda ver la forma completa del rompecabezas antes de intentar interpretarlo. Para mantener la discusión organizada, las anomalías se agrupan en siete conjuntos, cada uno correspondiente a un dominio físico distinto.

Conjunto 1 — Geometría orbital y dirección

1. **Alineación retrógrada con la eclíptica.** 3I/ATLAS se aproxima al Sistema Solar en una órbita retrógrada —moviendo en sentido opuesto al de los planetas— mientras permanece cerca del plano de la eclíptica, la delgada "superficie" donde residen la mayoría de los cuerpos principales.
   Tensión: Esta geometría es poco común en visitantes interestelares y resulta ser ideal para realizar un reconocimiento de un sistema planetario.
2. **Tamaño mayor que el de visitantes interestelares previos.** Con un diámetro estimado cercano a un kilómetro, 3I/ATLAS es significativamente más grande que 1I/'Oumuamua y 2I/Borisov.
   Tensión: Encontrar un objeto interestelar tan grande tan pronto es sorprendente según las estadísticas poblacionales esperadas. Sin embargo, con solo tres objetos interestelares detectados hasta ahora, no sabemos realmente como se ve lo "normal".

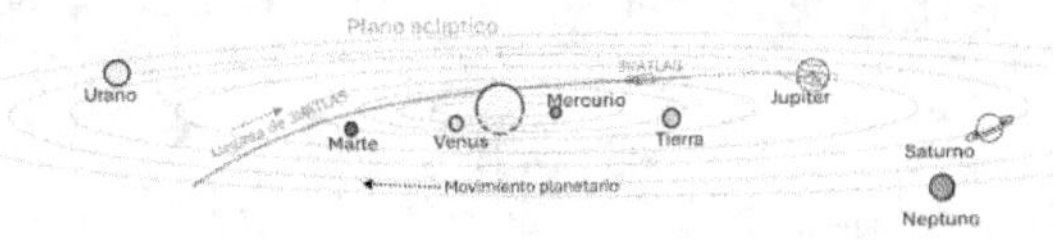

Figura 2. Ilustración de la alineación de 3I/ATLAS con el plano de la eclíptica y en sentido opuesto al movimiento de los planetas

Conjunto 2 — Alineación con la esfera de Hill de Júpiter

3. **Paso preciso cerca de la esfera de Hill de Júpiter.** Las proyecciones de su trayectoria muestran a 3I/ATLAS rozando el borde del límite gravitacional de Júpiter con una precisión intrigante. La esfera de Hill define la región donde la gravedad del planeta domina sobre la del Sol, permitiéndole retener satélites. El 16 de marzo de 2026, el objeto interestelar 3I/ATLAS pasará a ~53.445 millones de km de Júpiter, coincidiendo casi exactamente con el radio de su esfera de Hill, de ~53.502 millones de km.

   Tensión: Los objetos naturales pueden pasar cerca de esferas de Hill, pero esta precisión es inusual especialmente porque esta alineación ocurre después de que 3I/ATLAS ha mostrado evidencia de aceleración no gravitacional después de su paso cercano al Sol.

Figura 3. Representación artística generada por IA (no científica) de la trayectoria de 3I/ATLAS, pasando cerca de Marte, alcanzando el perihelio en alineación directa con la Tierra y dirigiéndose hacia la esfera de Hill de Júpiter

Conjunto 3 — Composición y química

4. **Composición Química rica en níquel y pobre en hierro.** Análisis de espectroscopía revelan una proporción níquel-hierro inusualmente alta.
   Tensión: Esta composición difiere de la mayoría de los cometas conocidos y sugiere un entorno de formación atípico.

5. **Baja producción de vapor de agua.** A pesar de mostrar actividad gaseosa clara, la cantidad de vapor de agua es significativamente menor de lo esperado.
   Tensión: Esto contrasta marcadamente con 2I/Borisov y con los cometas típicos del Sistema Solar.

6. **Desgasificación dominada por dióxido de carbono (CO_2).** Las observaciones muestran CO_2 como el gas dominante, con niveles bajos de vapor de agua (H_2O) y monóxido de carbono (CO).

Tensión: Esta química es inusual tanto para cometas interestelares como para cometas del Sistema Solar.

Conjunto 4 — Comportamiento fotométrico

7. **Aumento rápido de brillo + tonalidad azulada cerca del perihelio.** 3I/ATLAS se iluminó más rápido de lo esperado y, en ocasiones, apareció más azul que el Sol.

   Tensión: Esto sugiere propiedades inusuales del polvo o del gas y ha motivado modelaciones adicionales.

8. **Activación tardía / formación de coma retrasada.** 3I/ATLAS mostró poca o ninguna coma (la capa de gas formada alrededor del núcleo de un cometa al acercarse al Sol) en las primeras observaciones y luego se activó de manera inusualmente tardía —después del perihelio—

   Tensión: Este momento de activación es atípico para cometas naturales.

Conjunto 5 — Chorros y fuerzas no gravitacionales

9. **Aceleración no gravitacional vs. integridad del núcleo.** 3I/ATLAS exhibe una aceleración no gravitacional medible, típicamente causada por chorros de pérdida de masa; sin embargo, el núcleo parece estructuralmente intacto.

   Tensión: La pérdida de masa requerida para tal aceleración es difícil de conciliar con las observaciones.

10. . **Chorros estrechos y estables a lo largo de grandes distancias.** Imágenes del Hubble muestran chorros de expulsión de gases largos y colimados que permanecen estables a pesar de la rotación.

    Tensión: Tal estabilidad es poco común en cometas naturales.

11. **Chorros que requieren más calentamiento del esperado.** Algunos análisis sugieren que los chorros observados demandan más calentamiento o superficie activa de la que predicen los modelos estándar.

    Tensión: Esto desafía una explicación basada únicamente en sublimación (sublimación es el paso directo de sólido a gas sin pasar por el estado líquido).

12. **Doble chorro / estructura de chorros asimétrica.** El Hubble detectó un chorro principal orientado hacia el Sol y un contrachorro más débil, junto con un pico de brillo desplazado del centro.

    Tensión: Un sistema de doble chorro simétrico y un núcleo asimétrico son inusuales y sugieren actividad direccional.

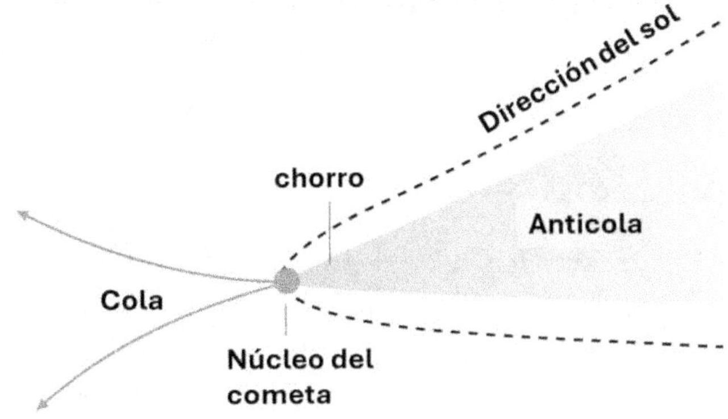

Figura 4. Diagrama esquemático de un cometa que muestra chorros estrechos emergiendo del núcleo y una amplia anticolas orientada hacia el Sol, formada por partículas de polvo impulsadas por la radiación solar

Conjunto 6 — Morfología del polvo

13. **Polarización fuerte / negativa.** Las mediciones polarimétricas (detectan como cambia la orientación de la luz al reflejarse o dispersarse) muestran una polarización inusualmente alta —y en algunos casos negativa—. La polarización negativa significa que las ondas de luz se alinean en dirección opuesta a la esperada. Es como iluminar una niebla con una linterna y ver que la luz reflejada se tuerce en una dirección que la niebla normalmente no produce.

    Tensión: Esto implica propiedades inusuales en los granos de polvo (tamaño, forma o composición)

14. **Estructura de polvo orientada hacia el Sol ("anticola").** En ciertos ángulos, 3I/ATLAS mostró una característica de polvo apuntando hacia el Sol.

Tensión: Las anticolas orientadas al Sol son posibles, pero requieren dinámicas específicas del polvo y una geometría de observación muy particular.

Conjunto 7 — Contexto de llegada

15. **Proximidad a la región de la señal Wow!:** De acuerdo con cálculos del Prof. Loeb, 3I/ATLAS llega desde una región del cielo no muy alejada de la dirección asociada con la señal de radio Wow! de 1977. **Tensión:** Lo más probable es que sea una coincidencia, pero resulta inquietante dada la carga cultural del evento Wow!

Otro rasgo clave de 3I/ATLAS es su velocidad que, aunque no se clasifica como una anomalía, merece ser mencionada. Con una velocidad estimada de 58 km/s, es —hasta ahora— el objeto más rápido jamás detectado.

Para comprender lo que estas anomalías implican en conjunto, ahora recurrimos a una herramienta diseñada precisamente para este tipo de situaciones: el razonamiento probabilístico.

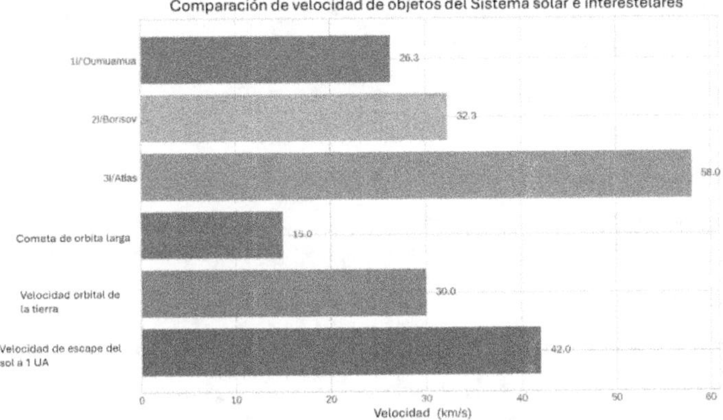

Figura 5. Objetos interestelares como 1I/'Oumuamua, 2I/Borisov y 3I/ATLAS llegan con velocidades de entrada significativamente más altas que los cometas de período largo, lo que refleja su origen interestelar no ligado. Este gráfico compara estos objetos con la velocidad orbital de la Tierra y la velocidad de escape solar a 1 UA (es decir, la velocidad que necesitaría la Tierra para escapar del Sistema Solar).

¿Natural o artificial? Un análisis probabilístico de las observaciones de 3I/ATLAS

Cuando los científicos se enfrentan a un objeto tan desconcertante como 3I/ATLAS, suelen recurrir a una herramienta silenciosa pero poderosa: el pensamiento probabilístico. Este enfoque no ofrece certezas, sino que proporciona una forma disciplinada de definir cuales explicaciones requieren menos coincidencias improbables. El razonamiento Bayesiano no nos dice qué creer —nos dice cuánto ajustar nuestras creencias a medida que llega nueva evidencia—

La idea es sencilla. En lugar de preguntar "¿Qué es 3I/ATLAS?", nos planteamos una pregunta más productiva:

"Dado lo que observamos, ¿qué explicación requiere más esfuerzo?"

Es la misma lógica que usamos en la vida cotidiana. Si lanzas una moneda cien veces, esperas aproximadamente cincuenta águilas y cincuenta soles (o caras y cruces depende que moneda uses). Nada extraño ahí. Pero si lanzas cien veces y obtienes noventa águilas, no es que pruebes que la moneda está trucada —simplemente empiezas a preguntarte si "la moneda justa" sigue siendo la mejor explicación—. Cuanto más inusual el patrón, más se inclina el equilibrio hacia la idea de que podría haber algo más que azar.

3I/ATLAS presenta una situación similar. Ninguna de sus características es imposible de explicar de forma natural. Pero muchas son inusuales, y no todas apuntan en la misma dirección. Algunas se relacionan con la química, otras con la geometría, otras con la dinámica, otras con el comportamiento de las emisiones de gas. Cada una, por sí sola, nos hace pensar "eso es raro, pero posible". Cuando las vemos en conjunto, la situación se empieza a ver como el equivalente astrofísico de: "el perro se comió mi tarea" —técnicamente es posible, pero es más difícil decirlo con una cara seria—

Para hacerlo más intuitivo, imaginemos que etiquetamos cada característica inusual bajo una explicación puramente natural como:

- Fácil de explicar
- Algo forzada

- Muy forzada

Si 3I/ATLAS tuviera una o dos características "algo forzadas", la explicación natural seguiría siendo la favorita. Pero tiene muchas de ese tipo —y algunas que caen claramente en la categoría de "muy forzada", como el empuje no gravitacional, los chorros de gas estrechos y estables, y la alineación precisa con la esfera de Hill de Júpiter—.

Ahora imaginemos —solo como modelo conceptual— que cada fenómeno observado puede ser clasificado como *raro*. Un fenómeno así no es problema, dos aún están bien. Pero si apilamos cinco o seis, la probabilidad combinada de que todos ocurran por accidente se ve como:

raro × *raro* × *raro* × *raro*... lo que rápidamente se convierte en ***muy raro***.

Esto no prueba nada. Pero sí cambia el equilibrio de plausibilidad.

Bajo una explicación no natural —ya sea que pensemos en un observador pasivo, una plataforma de prueba o un explorador cauteloso— muchas de estas características se vuelven fáciles de explicar. La trayectoria retrógrada en la eclíptica parece se ve como diseñada. Los chorros estables parecen maniobras controladas. La aceleración no gravitacional parece movimiento de bajo empuje. La alineación con Júpiter parece un punto de apoyo gravitacional deliberado. Nuevamente, nada de esto prueba nada. Simplemente significa que, bajo un modelo de objeto controlado, se requiere menos esfuerzo explicativo. No obstante, dicha combinación requiere una suposición enorme: que alguien hizo o diseñó el objeto. Este salto ideológico — no la física — es lo que a los científicos "les da cosa".

La explicación natural sigue siendo la favorita entre los científicos. La naturaleza es diversa, y nuestra muestra de objetos interestelares es diminuta. Pero explicar a 3I/ATLAS como un objeto natural requiere un mosaico de excepciones: química inusual, polvo inusual, chorros inusuales, trayectoria inusual, aceleración inusual. Cada una es "rara pero posible". Juntas, estiran el escenario natural hasta convertirlo en un collage de coincidencias.

El pensamiento probabilístico nos brinda claridad en lugar de certeza —una idea de qué explicaciones fluyen naturalmente desde los datos y cuáles requieren apilar eventos improbables— No nos dice lo qué es 3I/ATLAS. Nos dice cuánto tiene que esforzarse cada explicación.

Y en ciencia —como en la vida— la explicación que menos se esfuerza suele ser la que más vale la pena analizar.

Una mirada ultrarrápida a la estadística Bayesiana (sin matemáticas)

Cuando los científicos hablan de "razonamiento Bayesiano", no están invocando nada exótico. Es simplemente una forma estructurada de actualizar tus creencias a medida que llega nueva información. Comienzas con una suposición inicial *previa* —o *prior*— y luego ajustas esa suposición conforme se acumula la evidencia. Por ejemplo:

Imagina que caminas por un bosque y escuchas un crujido detrás de un árbol. Tu creencia inicial es que probablemente sea algo ordinario: una ardilla, un pájaro, el viento. La mayoría de los ruidos en un bosque provienen de cosas comunes.

Luego escuchas un gruñido bajo.

Tu cerebro se actualiza. La "explicación ordinaria" sigue siendo posible, pero la nueva evidencia te empuja hacia una interpretación distinta. No necesitas certeza; solo necesitas ajustar tus expectativas.

Luego ves moverse una sombra grande.

Tu cerebro actualiza nuevamente. La "hipótesis de la ardilla" ya no es la mejor, ahora tienes una probabilidad *posterior* de que no sea una ardilla. No necesitas saber exactamente qué criatura es; solo sabes que tu suposición inicial ya no es la más plausible. Obviamente en ese punto o necesitas certeza sobre lo que está haciendo el ruido; lo más probable es que corras, te escondas, investigues o te prepares para defenderte.

Y esta parte es lo más importante: **El razonamiento bayesiano no es una herramienta para alcanzar la certeza; es una herramienta para <u>tomar decisiones</u> cuando la certeza es imposible.**

La misma lógica se aplica a 3I/ATLAS. No intentamos demostrar que el objeto sea artificial; intentamos entender cuánto debería el patrón de anomalías desplazar nuestras expectativas, y si ese desplazamiento es lo bastante grande como para justificar prestar atención. El razonamiento Bayesiano nos ayuda a navegar ese límite: el punto donde "probablemente nada" se convierte en "vale la pena prepararse", incluso si la incertidumbre nunca desaparece del todo.

Esto es el razonamiento Bayesiano en resumen:

- Comienza con una suposición **razonable**.

- Analiza las nuevas **evidencias**.

- No te aferres a tus pensamientos iniciales si **la evidencia te lleva en otra dirección**.

Esto no se trata de probar nada con certidumbre absoluta. Se trata de ser honesto con nosotros mismos acerca de hacia donde nos lleva la evidencia.

Figura 6. La inferencia bayesiana se ilustra mediante un encuentro en el bosque. Panel 1: un arbusto que se agita activa una creencia previa — probablemente una ardilla. Panel 2: un gruñido introduce nueva evidencia. Panel 3: la creencia posterior se desplaza hacia un oso. El razonamiento bayesiano actualiza las creencias integrando expectativas previas cuando tenemos nueva información.

La regla de Bayes dice que la probabilidad *posterior* de que algo sea cierto o falso *después* de ver la evidencia depende de dos cosas:

1. Qué tan fuerte era tu creencia previa (tu ***prior***)
2. Qué tan sorprendente sería la **evidencia** si la hipótesis fuera verdadera o si fuera falsa (las ***verosimilitudes***)

En este contexto, es importante recordar dos palabras clave: *probabilidad* y *verosimilitud*.

Probabilidad es cuán plausible parece una hipótesis antes o después de ver la evidencia:

- **"Probablemente es una ardilla"** → **probabilidad previa**.

- **"Probablemente es un oso"** → **probabilidad posterior**.

Verosimilitud es qué tan bien una hipótesis explica la evidencia:

- Si fuera una ardilla, ¿qué tan **verosímil** es escuchar un gruñido y ver una sombra grande? Pues no mucho...

Si la evidencia es exactamente lo que esperarías bajo tu hipótesis, tu confianza aumenta. Pero si la evidencia es diferente de lo que se espera bajo tu hipótesis, tu confianza disminuye. Eso es todo lo que es el razonamiento Bayesiano: empezar en un punto razonable y dejar que la evidencia te mueva.

El razonamiento Bayesiano se usa en:

- **Medicina:** los médicos actualizan diagnósticos conforme aparecen nuevos síntomas o resultados.

- **Astronomía:** se actualiza la probabilidad de que una señal sea un exoplaneta real o ruido.

- **Física de partículas:** los experimentos ajustan la probabilidad de que exista una nueva partícula a medida que se acumulan datos.

- **Ciencia del clima:** los modelos actualizan predicciones con nuevos datos de temperatura y CO_2.

- **Aprendizaje automático (Machine Learning):** la actualización Bayesiana es la columna vertebral de muchos algoritmos modernos.

- **Geofísica:** interpretar señales subsuperficiales (por ejemplo, sísmicas) y para tomar decisiones.

El razonamiento Bayesiano brilla cuando:

- La evidencia es incompleta

- Las señales son ruidosas

- Existen múltiples explicaciones posibles

- Ninguna observación es decisiva

- Necesitas ponderar muchas pistas pequeñas juntas

La mayoría de la gente piensa que la ciencia funciona "probando" cosas. No es así. La ciencia funciona actualizando creencias:

- Comienzas con una suposición razonable.

- Reúnes evidencia.

- Ajustas.

- Y sigues ajustando conforme llega más evidencia.

Esta es exactamente la situación con 3I/ATLAS. No tenemos pruebas definitivas de nada —ni un mensaje de radio, ni una imagen de alta resolución—. Lo que sí tenemos es un conjunto de características inusuales, cada una explicable por separado pero difíciles de ignorar en conjunto. El razonamiento Bayesiano nos da una forma disciplinada de preguntar: **¿Cuánto debería este patrón completo cambiar nuestras expectativas?**

Aplicado a 3I/ATLAS, nos ayuda a evitar dos trampas:

- **La trampa del desdén:** "Obviamente es solo un cometa."

- **La trampa sensacionalista:** "Debe ser alienígena."

Bayes nos ofrece un camino intermedio: **Dado lo que observamos, ¿qué explicación tiene que esforzarse más?**

Análisis bayesiano aplicado a 3I/ATLAS

En esta sección solo se presenta un resumen de las conclusiones y las percepciones. Para aquellos que les gustan las matemáticas —los aplicados, los rigurosos y los valientes— la derivación completa les espera en el Apéndice 1 si así lo desean. En esta parte lo que importa es la lógica y lo que aprendemos de este análisis, no tanto los cálculos.

En este análisis comparamos dos posibilidades:

- **Natural:** 3I/ATLAS es un objeto interestelar extraño pero, en última instancia, natural.

- **No natural:** 3I/ATLAS está, en algún sentido, controlado o diseñado de manera artificial.

La mayoría de los científicos comenzarían este análisis con una predisposición fuerte: los objetos interestelares son lo más probablemente naturales. Es un punto de partida sensato. Nunca hemos confirmado uno artificial, la naturaleza es muy buena produciendo variedad.

Paso 1: Probabilidad previa

Al elegir números para nuestra probabilidad *previa*, conviene reconocer algo fundamental sobre la incertidumbre. En palabras del exsecretario de Defensa de EE. UU. Donald Rumsfeld:

"Hay cosas que sabemos que sabemos. Hay cosas que sabemos que no sabemos. Pero también hay cosas que no sabemos que no sabemos."

Esta es exactamente la situación que tenemos que considerar al asignar una probabilidad previa. Para la idea de que un visitante interestelar pueda ser artificial. Estamos navegando las tres categorías al mismo tiempo:

- **Lo que sabemos que sabemos:** Existen objetos interestelares naturales —hemos observado tres hasta el momento.

- **Lo que sabemos que no sabemos:** No sabemos todas las posibles configuraciones de objetos interestelares, solo los podemos juzgar en base a comparaciones con cometas, asteroides y objetos conocidos. No sabemos nada sobre el paisaje tecnológico de la galaxia y la frecuencia de otras civilizaciones. No sabemos cuán comunes podrían ser las sondas artificiales, ni si alguna ha pasado por nuestro sistema alguna vez.

- **Lo que no sabemos que no sabemos:** Se explica por sí mismo. Por ejemplo, la tierra puede ser el único lugar donde hay vida en el universo. O tal vez la vida es abundante. O tal vez el universo es una simulación. Aquí le tenemos que dar espacio a lo inesperado.

Debido a esta incertidumbre en capas, fingir que una sola *probabilidad previa* captura todas las suposiciones razonables sería engañoso. En su lugar, evaluamos tres *previos* distintos, cada uno representando una postura diferente sobre cuán plausibles podrían ser las sondas artificiales:

- **Caso escéptico:** Supongamos una probabilidad previa de 0.1% de que un visitante interestelar sea artificial y **99.9% de probabilidad que sea natural**. Esto corresponde a 999 a 1 a favor de lo natural (o 1 en 1000 de ser no natural).

- **Caso moderado:** Supongamos una probabilidad previa de 1% de que un visitante interestelar sea artificial y **99% de probabilidad de que sea natural**. Eso equivale a 99 a 1 a favor de lo natural (o 1 en 100 de ser no natural).

- **Caso aventurado:** Supongamos una probabilidad previa de 5% de origen artificial y **95% de probabilidad que sea natural**. Eso corresponde a 19 a 1 (la forma simplificada de 95 a 5) a favor de lo natural (o 5 en 100 de ser no natural).

Este enfoque no evita el problema; simplemente reconoce la realidad: **nuestra incertidumbre tiene incertidumbre**.

Un ávido lector se preguntaría con justa razón: ¿por qué el prior "escéptico" se detiene en uno en mil en lugar de caer a uno en un millón? Si el escepticismo es bueno, ¿no es mejor más escepticismo? En principio sí, pero solo hasta el punto en que el prior deja de ser cauteloso y empieza a comportarse como una orden judicial contra el aprendizaje.

Una buena manera de pensar en nuestra *probabilidad previa* es esta: si 1000 *objetos interestelares* cruzan nuestro vecindario de un modo que podamos detectar, 999 serán rocas y 1 podría ser artificial. Esto es muy distinto de decir "1 entre 1000 cometas en general", lo cual sería absurdo.

Si fijáramos una *probabilidad previa* de **0.000001**, por ejemplo (**un 99.99999% de probabilidad de ser natural**), estaríamos diciendo, matemáticamente, que antes de ver ningún dato, ya hemos decidido que este tipo de evento es tan inverosímil que ninguna evidencia ordinaria podría jamás cambiar nuestra opinión. Eso no es escepticismo; es dogma.

En cambio, una *probabilidad previa* de 1/1000 sigue siendo severa. Dice: "Lo dudo mucho", en lugar de "le cierro la puerta a cualquier otra opción". Nuestro prior obliga a la hipótesis artificial a trabajar duro, pero no hace el trabajo físicamente imposible. Quienes prefieran *probabilidades previas* aún más extremas pueden imaginarlas —solo recuerden que, llegado cierto punto, ya no se están actualizando creencias; solo se estaría viendo cómo la evidencia rebota contra un muro construido por nosotros mismos.

Paso 2: Examinando la evidencia

Reagrupamos las anomalías para que no formen un sindicato.

Ahora pasamos a la evidencia. 3I/ATLAS no es extraño en un solo aspecto —es extraño en muchos. Antes enumeramos unas catorce anomalías, aunque muchas comparten causas físicas comunes. Para mantener el análisis disciplinado y evitar doble conteo, las comprimimos en los siete conjuntos ya introducidos, cada uno representando un dominio científico distinto:

1. **Plano orbital y dirección (verosimilitud ~3:1):** Su paso retrógrado y cercano a la eclíptica es posible para un objeto natural, pero no es común. Un objeto controlado podría elegir este camino deliberadamente. *Una verosimilitud de 3 a 1 le da un pequeño empuje hacia lo no natural.*

2. **Alineación con la esfera de Hill de Júpiter (verosimilitud ~10:1):** Un paso casi perfecto por el límite gravitacional de Júpiter es extremadamente improbable por azar. Para un objeto guiado, usar Júpiter como punto de apoyo o asistencia gravitatoria tiene perfecto sentido. *Una verosimilitud de 10 a 1 le da un fuerte empuje hacia lo no natural.*

3. **Composición: rico en níquel, poca agua, CO_2 dominante, polvo inusual (verosimilitud ~1:1):** Inusual, pero no imposible. Fácil de explicar tanto en un escenario natural como en uno artificial. *Una verosimilitud de 1 a 1 lo deja Neutral.*

4. **Comportamiento fotométrico: brillo rápido, tonalidad azulada, activación tardía (verosimilitud ~1:1):** Los cometas naturales pueden hacerlo, aunque no es típico. También carecemos de una muestra grande de objetos interestelares. *Neutral.*

5. **Chorros, estabilidad y aceleración no gravitacional (verosimilitud ~10:1):** Chorros fuertes y estables, y aceleración suave sin ruptura, son muy difíciles de explicar para modelos naturales y muy fáciles para propulsión controlada. *Una verosimilitud de 10 a 1 le da un empuje muy fuerte hacia lo no natural.*

6. **Morfología del polvo: anticola orientada al Sol, polarización negativa (verosimilitud ~1:1):** Posible naturalmente, posible artificialmente. *Neutral.*

7. **Dirección de llegada cerca de la región Wow! (verosimilitud ~1:1):** Difícil justificarlo como artificial sin enredar la probabilidad con la señal Wow! *Lo tratamos como coincidencia. Neutral.*

Las verosimilitudes expresadas arriba entre paréntesis no son simples conjeturas; provienen de una pregunta científica estándar: **"Si este objeto fuera natural, ¿qué tan sorprendente sería esta característica? ¿Y si fuera no natural?"**

Para cada conjunto consideramos:

1. Con qué frecuencia la naturaleza produce este comportamiento (cometas conocidos, objetos interestelares, modelos físicos).

2. Qué tan naturalmente surgiría el mismo comportamiento bajo control (bajo empuje, reconocimiento, ingeniería).

3. Cuántas suposiciones especiales requiere cada explicación (chorros finamente ajustados, composiciones raras, coincidencias precisas, etc.).

Asignamos razones de verosimilitud conservadoras —*siempre favoreciendo la explicación natural para evitar forzar conclusiones.*

Ejemplos:

- Trayectoria retrógrada y cercana a la eclíptica → ~3:1 a favor de control.

- Paso casi perfecto por la esfera de Hill → ~10:1.

- Chorros estables y aceleración suave sin ruptura → ~10:1.

Los demás conjuntos no favorecen fuertemente a ninguna explicación → 1:1.

Al multiplicar estas verosimilitudes —$3 \times 10 \times 1 \times 1 \times 10 \times 1 \times 1$— el patrón global favorece la explicación no natural por aproximadamente **300 a 1**. Esto solo significa que la evidencia encaja mucho mejor en esa explicación que en la puramente natural.

Ahora veamos cómo esto cambia nuestras probabilidades previas.

Paso 3: Uniendo todo

Ninguna de estas características por sí sola es decisiva. Pero juntas forman un patrón difícil de descartar como coincidencia. Una explicación natural puede justificar cada anomalía individualmente —pero solo invocando una condición "rara pero posible" distinta para casi cada rasgo.

Una explicación no natural no necesita estirarse tanto. Muchos de los comportamientos discutidos —trayectoria, chorros, aceleración, estabilidad— se parecen a lo que cabría esperar de un objeto controlado. Cuando tratamos estas anomalías como evidencia y actualizamos nuestras suposiciones, los números cambian drásticamente.

Caso escéptico

Si comenzamos con solo un **0.1% de probabilidad previa** de que 3I/ATLAS sea artificial —un punto de partida de uno en mil, después de la actualización Bayesiana (véase el Apéndice 1 para el cálculo completo) el conjunto de anomalías eleva esa **probabilidad posterior** aproximadamente a:

- **23% de probabilidad de ser artificial**

- **77% de probabilidad de ser natural**

En otras palabras, los datos por sí solos son lo suficientemente fuertes como para mover nuestra probabilidad inicial de manera significativa (de 0.1% a 23%). Veintitrés por ciento puede parecer poco, pero sigue siendo significativo. Una forma útil de pensarlo es con una analogía meteorológica: *si ves un 23% de probabilidad de tormenta, no cancelas tus planes, pero probablemente llevas un paraguas.* O en términos médicos: *un*

23% de probabilidad de una condición no es un diagnóstico, pero sin duda amerita más pruebas.

Caso moderado

Si comenzamos con un **1% de probabilidad previa** de que un visitante interestelar pueda ser artificial —todavía una postura muy conservadora—, la **probabilidad posterior** actualizada sube aproximadamente a:

- **75% de probabilidad de ser artificial**

- **25% de probabilidad de ser natural**

La explicación natural pasa a ser la desfavorecida.

Caso aventurado

Si partimos de una **probabilidad previa** del **5%** —todavía lejos de asumir algo extraordinario—, la **probabilidad posterior** actualizada se convierte en:

- **94% de probabilidad de ser artificial**

- **6% de probabilidad de ser natural**

A partir de aquí, nuestro caso base será el **resultado escéptico** descrito arriba. Esto no es una confesión de creencia personal; es una elección metodológica deliberada. Entre los priors que consideramos, este es el que asigna la probabilidad inicial más pequeña imaginable a que esté ocurriendo algo inusual: es el prior más generoso con la coincidencia, el ruido y el vaivén ordinario de la aleatoriedad.

Una buena manera de pensar en este argumento es: *si la evidencia puede mover incluso esta probabilidad previa tan fuerte (99.9% de que sea natural), movería aún más a cualquiera de las probabilidades previas más conservadoras.* Los escenarios moderado y aventurado siguen siendo importantes, pero más como pruebas de sensibilidad. Estos nos muestran cómo distintos temperamentos de creencia se actualizarían al enfrentarse con los mismos datos.

Al fijar el escenario escéptico como nuestra línea base, garantizamos que cada comparación se mida contra el punto de partida más exigente. *Es como pedirle al crítico más duro que revise la evidencia primero. Si comenzamos desde el escenario más pesimista y aun así la evidencia nos empuja hacia el territorio no natural, eso por sí solo hace que el caso sea interesante.*

Paso 4: Análisis de sensibilidad

El razonamiento Bayesiano suele describirse como una herramienta matemática, pero su poder se entiende mejor cuando se **visualiza** que cuando se calcula. Todo análisis probabilístico requiere suposiciones sobre *priors* y *verosimilitudes*, y un lector cuidadoso se preguntará naturalmente qué ocurre si esas suposiciones cambian. Otro científico podría elegir valores distintos y llegar a un resultado numérico diferente. Esa preocupación es válida y es precisamente por eso que la visualización importa. Para ilustrar esta sensibilidad, las siguientes tres figuras proveen un resumen visual de como las probabilidades previas, las verosimilitudes y los posteriores interactúan. Estas figuras no pretenden "probar" nada; solo muestran cómo se mueve la creencia cuando se enfrenta a una evidencia estructurada. Una explicación completa de cómo se generan estos gráficos se presenta en el Apéndice 1.

La primera figura muestra cómo cambia la probabilidad posterior en función de la previa cuando la fuerza de la evidencia se mantiene constante. Incluso probabilidades previas extremadamente escépticos —fracciones de un porcentaje— aumentan con rapidez cuando la verosimilitud alcanza valores compatibles con el conjunto de anomalías. Incluimos una línea convencional del 5% no como regla de decisión, sino como un punto de referencia familiar: el momento en que una hipótesis deja de ser despreciable y empieza a exigir atención. Esto no debe confundirse con un valor p frecuentista (el punto a partir del cual un resultado podría explicarse simplemente por azar) ni como evidencia que supera un umbral de significancia del 5%. La incorporamos simplemente porque ofrece a los lectores un hito reconocible, una guía visual que ayuda a anclar la escala de la gráfica. Señala el punto en que una probabilidad deja de sentirse insignificante y empieza a parecer digna de consideración, aunque no tenga ninguna función formal en la inferencia bayesiana. En ese sentido, actúa como un marcador psicológico más que como un umbral de creencia, facilitando que el público general aprecie cuán rápido crece la posterior una vez aplicada la evidencia.

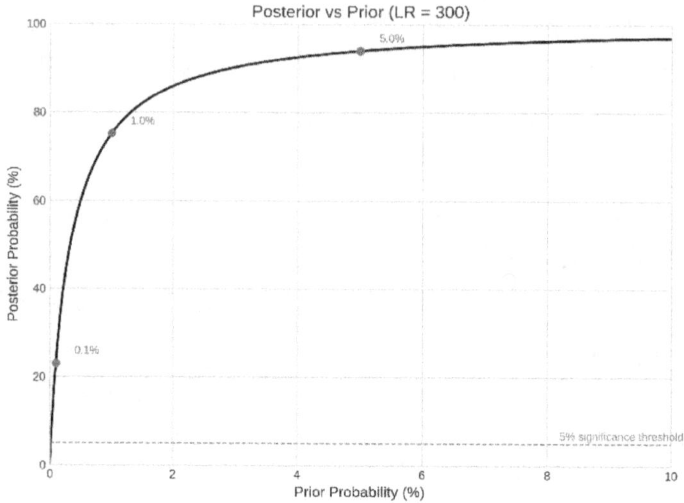

Figura 7. La línea continua muestra cómo cambia la probabilidad posterior a medida que variamos la previa. Los tres casos discretos utilizados anteriormente en el capítulo aparecen como puntos rojos. Incluso con previas conservadoras, la probabilidad posterior aumenta de forma pronunciada dada la fuerza de la evidencia

La segunda figura amplía la perspectiva mostrando cómo responde la probabilidad posterior ante diferentes intensidades de evidencia. Tres curvas ilustran razones de verosimilitud débiles, moderadas y fuertes. Todas aumentan de manera pronunciada y todas cruzan la línea psicológica del 5% incluso con previas modestas. Esta es la esencia del argumento: la probabilidad posterior no es frágil y no depende de ajustes numéricos. Un amplio rango de previas y verosimilitudes conducen a la misma conclusión **cualitativa**.

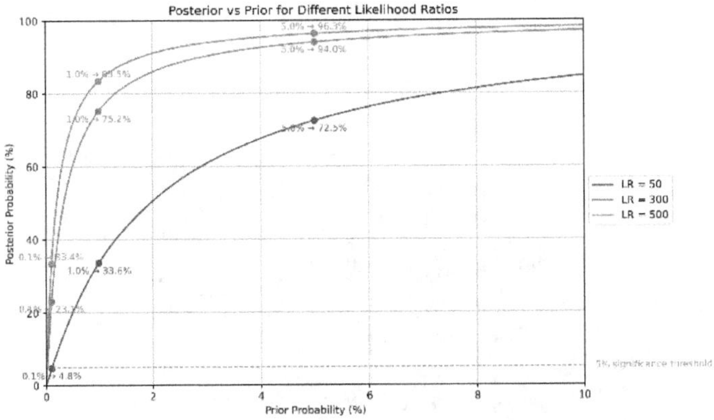

Figura 8. Las tres líneas continuas muestran cómo cambia la probabilidad posterior cuando variamos la razón de verosimilitud —es decir, cuán fuertemente la evidencia nos empuja hacia la hipótesis no natural—. Incluso con un peso muy conservador (línea azul), la probabilidad posterior se eleva con fuerza por encima de la línea de significancia del 5%. Los marcadores representan cálculos discretos de probabilidad previa a posterior.

La tercera figura resume todo el paisaje bayesiano de una sola vez. El eje horizontal representa la probabilidad previa, el eje vertical la *posterior*, y el color codifica la verosimilitud necesaria para pasar de uno al otro. Las líneas de contorno marcan razones de verosimilitud de 10, 20, 50, 100, 300 y 500 (nuestro calculo base usa 300:1 de verosimilitud), y una línea discontinua resalta el umbral psicológico del 5%, el punto en el que una hipótesis deja de ser despreciable. Dos características destacan de inmediato: (1) la región donde el posterior supera el 5% es muy amplia, y (2) solo probabilidades previas extremadamente pequeñas combinados con evidencia extremadamente débil mantienen el posterior por debajo de esa línea. La actualización es robusta y no frágil.

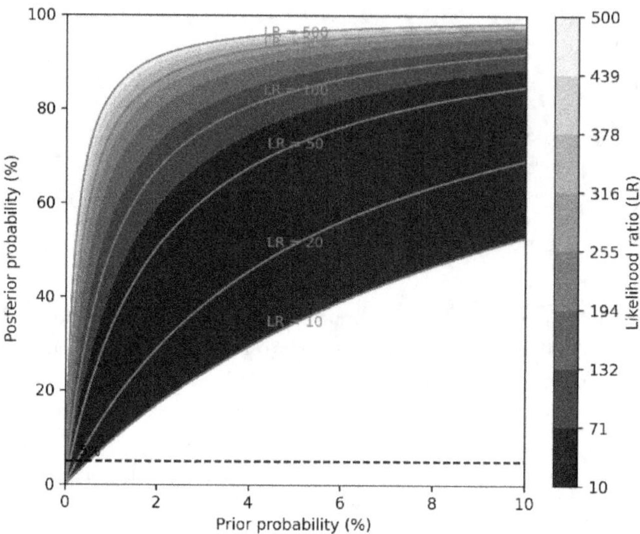

Figura 9. Este gráfico muestra cómo responde la probabilidad posterior (eje vertical) a diferentes combinaciones de probabilidades previas (eje horizontal) y razones de verosimilitud (bandas de color). Independientemente de la combinación elegida, la probabilidad posterior cruza el umbral psicológico del 5% en una amplia región del espacio de parámetros

Tomadas en conjunto, estas figuras muestran que el patrón de anomalías no requiere suposiciones extremas para desplazar nuestras expectativas. La actualización bayesiana no está impulsada por una sola característica de 3I/ATLAS, sino por el peso acumulado de muchas pequeñas tensiones que apuntan en la misma dirección. Con esta base visual establecida, podemos pasar ahora a la pregunta central: ¿qué significan estos resultados?

Qué significan estos resultados

Como se ha enfatizado antes, estos resultados no prueban que 3I/ATLAS sea artificial. Lo que muestran es algo más sutil —y quizá más importante—.

Si comienzas con un prior extremadamente escéptico, el conjunto completo de anomalías de 3I/ATLAS aun así te empuja con fuerza a tomar en serio la explicación no natural. La explicación natural sigue siendo posible, pero requiere apilar muchas coincidencias improbables. La explicación no natural requiere menos justificaciones. Se convierte en una competidora seria, no en una idea marginal.

Para poner ese 23% en contexto, los científicos suelen reservar la palabra *significativo* para resultados que ocurrirían por azar menos del 5% de las veces —el conocido umbral $p < 0.05$—. No es una ley de la naturaleza, solo una convención de larga data que dice: "Si este patrón aparecería por accidente menos de una vez en veinte, al menos deberíamos poner atención".

Lo importante es que ese 23% surge incluso bajo nuestro prior más escéptico. En otras palabras, los datos están empujando contra una suposición inicial que ya estaba inclinada fuertemente hacia "aquí no pasa nada". No es suficiente para declarar victoria, pero sí para decir: **"Algo está moviendo la aguja."**

Tabla 1 Bienvenido al 23%: donde cosas improbables aún suceden

¿Cómo se siente realmente una probabilidad del 23%?

Evento	Probabilidad aprox.	Por qué funciona como analogía
Un 23% de probabilidad de lluvia	~20–25%	No cancelas el picnic... pero llevas paraguas por si acaso.
Obtener dos caras seguidas al lanzar una moneda	25%	No es lo más común, pero nadie se sorprende cuando ocurre.
Un jugador promedio encestando un triple	~25%	No apostarías por cada tiro, pero entran con suficiente frecuencia.
Elegir una película con un giro absurdo en la trama	~20–30%	La ruleta del streaming nunca perdona.
Ver una ardilla en un paseo corto por un parque urbano	~20–30%	No está garantizado, pero tampoco apostarías en contra.
Tener al menos una esquina rota en la pantalla del móvil	~25% de usuarios	Un recordatorio perfecto de que "no es típico, pero tampoco raro".
Hablar contigo mismo en voz alta	~25% de las personas lo admiten	Y el otro 75% probablemente también lo hace.
Encontrar la "papa perfecta" en tu orden de papas fritas	~20–25%	Suficientemente raro para sentirse especial, suficientemente común para esperarlo.

Como mencionamos antes, el razonamiento bayesiano no busca ofrecer certeza; su propósito es ayudarnos a tomar decisiones cuando la información es escasa e imperfecta. Y en el caso de 3I/ATLAS, la evidencia desplaza nuestras expectativas lo suficiente como para que la historia de "solo un cometa raro" ya no sea abrumadoramente dominante. Eso nos deja con una pregunta inevitable: si la explicación natural ya no es la opción por defecto por puro peso probabilístico, **¿qué hacemos ahora?**

Implicaciones de una posibilidad no natural

El análisis bayesiano nos dice que la explicación no natural es lo suficientemente fuerte como para ser tratada como una posibilidad científica legítima. No como la predeterminada, no como la conclusión —pero sí como una contendiente que un observador racional debe mantener sobre la mesa.

Una vez que aceptamos que el escenario artificial ya no es marginal, la siguiente pregunta es: **si 3I/ATLAS fuera no natural, ¿qué tipo de objeto podría ser?**

Si estamos dispuestos a considerar siquiera la posibilidad remota de que 3I/ATLAS sea artificial, necesitamos un marco para pensar en lo desconocido. El comportamiento del objeto no obliga a una sola interpretación —abre un paisaje de posibilidades. Algunas son mundanas, otras inquietantes, y otras simplemente desconocidas porque nunca hemos tenido que pensar en ellas antes. Una respuesta disciplinada comienza no con certeza, sino con estructura.

Si un visitante interestelar se comporta de maneras que tensan nuestros modelos naturales, existen al menos cuatro categorías amplias de explicación. Estas categorías no son conclusiones; son **lentes**. Cada una captura un tipo distinto de intención —o ausencia de intención— y cada una hace predicciones diferentes sobre cómo debería comportarse un objeto como 3I/ATLAS. No son afirmaciones sobre motivos extraterrestres. Son categorías de comportamiento —las mismas herramientas analíticas que usaríamos para interpretar a cualquier agente desconocido, humano o no humano.

Dichas posibilidades son:

1. **Pruebas preparatorias para un primer contacto**
   Una secuencia de pequeñas anomalías crecientes diseñadas para medir nuestra conciencia, estabilidad y disciplina interpretativa antes de cualquier comunicación directa.

2. **Observación pasiva.** Un observador a largo plazo, no intrusivo, que nos estudia como nosotros estudiamos ecosistemas: en silencio, sin interferencia y sin revelar sus motivos.

3. **Preámbulo a una amenaza.** Un patrón de reconocimiento optimizado no para la comunicación o la curiosidad, sino para mapear vulnerabilidades, puntos ciegos y comportamientos de respuesta.

4. **Un fenómeno puramente natural.** Un objeto cuya rareza refleja los límites de nuestros modelos más que la presencia de intención —un recordatorio de que el universo es más diverso de lo que esperamos.

Estas cuatro categorías definen el espacio interpretativo en el que puede entenderse 3I/ATLAS. Son las categorías coherentes que abarcan el espectro de posibilidades: desde lo benigno hasta lo indiferente, lo peligroso y lo completamente natural. Una civilización madura evaluaría las cuatro con igual disciplina, resistiendo la tentación de caer prematuramente en la comodidad o el miedo.

El objetivo no es decidir cuál escenario es verdadero. El objetivo es entender cómo cada escenario interpreta la misma evidencia —y qué implicaría cada uno sobre el comportamiento observado. Con este marco, podemos examinar cómo encaja

3I/ATLAS en cada posibilidad y qué revela su conjunto de anomalías cuando se observa a través de estas cuatro lentes distintas.

Los escenarios no compiten por la verdad. Compiten por el **poder explicativo**.

Con esta estructura en su lugar, podemos examinar cada escenario por turno —no para declarar cuál es correcto, sino para entender qué revela cada uno sobre el comportamiento de 3I/ATLAS.

Escenario 1: Prueba preparatoria para un primer contacto

En este escenario, 3I/ATLAS formaría parte de una secuencia deliberada y pacífica. Muchas civilizaciones —incluida la nuestra— enviarían sondas de reconocimiento mucho antes de intentar una comunicación directa. Un objeto pequeño, maniobrable y recolector de datos es la forma más segura y eficiente de aprender sobre un sistema planetario: su química, su uso de energía, sus huellas tecnológicas y si sus habitantes están preparados para el contacto.

Si 3I/ATLAS fuera una sonda de este tipo, varias de sus características más inusuales encajarían fácilmente. Una trayectoria controlada a través de la eclíptica sería la elección obvia para una inteligencia que busca un panorama completo del sistema planetario. Un paso preciso cerca de la esfera de Hill de Júpiter sería coherente con un punto de apoyo gravitacional o una maniobra de mapeo. Una breve ventana de observación en el Sistema Solar interior, seguida de una salida limpia, encajaría con una misión diseñada para recopilar información sin revelar intención.

Nada en este escenario requiere urgencia o amenaza. Presenta a 3I/ATLAS como un preludio silencioso a un proceso mucho más largo y cauteloso.

En tal escenario, no esperaríamos comunicación abierta, maniobras dramáticas ni nada que pudiera interpretarse como una declaración de intención. Esperaríamos algo más silencioso y metódico: una secuencia de comportamientos diseñada para probar nuestras capacidades de detección, mapear nuestros puntos ciegos y evaluar cómo interpretamos datos ambiguos. En este marco, 3I/ATLAS no intenta hablar con nosotros —intenta entender **cómo vemos**.

Visto a través de esta lente, la alineación retrógrada en la eclíptica se convierte en una elección deliberada para maximizar la cobertura observacional. La alineación con Júpiter se convierte en un punto de paso intencional, no en una coincidencia. Y el conjunto más llamativo —los chorros estables y la aceleración no gravitacional suave— pueden interpretarse como micropropulsión controlada: pequeñas perturbaciones deliberadas que ponen a prueba cómo reconciliamos datos contradictorios sobre movimiento, masa e integridad estructural.

Otras características —como la morfología del polvo, la composición y el comportamiento fotométrico— siguen siendo plenamente compatibles con explicaciones naturales, pero en este escenario cumplen otra función. Se convierten en parte de un patrón más amplio de señales "en el borde": no imposibles, no definitivas, pero lo suficientemente inusuales como para revelar qué tan rápido notamos desviaciones de nuestras expectativas.

En esta interpretación, 3I/ATLAS se comporta como un instrumento de reconocimiento diseñado para aprender sobre nosotros de manera indirecta —no anunciándose, sino observando cómo respondemos a algo que se sitúa justo fuera de los límites de lo familiar.

Escenario 2: Observación pasiva

En este escenario, 3I/ATLAS no se está preparando para ningún tipo de contacto. Es simplemente un instrumento científico —un satélite meteorológico interestelar— enviado a recopilar datos en muchos sistemas, no en el nuestro específicamente. Su trayectoria estaría optimizada para la eficiencia más que para la interacción, y su comportamiento reflejaría una misión diseñada para observar, muestrear y continuar su camino. En este marco, 3I/ATLAS es indiferente a nosotros. No somos el objetivo; somos solo una de muchas paradas en una larga ruta de reconocimiento.

Este escenario encaja bien con la idea de una civilización que siembra la galaxia con sondas autónomas para mapear entornos, rastrear cambios a largo plazo o estudiar la evolución planetaria. Es el escenario artificial más "aburrido" —y quizás el más plausible—.

Si 3I/ATLAS no se prepara para el contacto sino que simplemente observa, su comportamiento sería distinto al de una plataforma de prueba. Un observador pasivo no sondea, calibra ni desafía nuestros sistemas de detección. No introduce perturbaciones controladas ni intenta mapear nuestros límites interpretativos. En cambio, se comporta como un instrumento de estudio a largo plazo: silencioso, estable y discreto. Su objetivo no es interactuar con nosotros, sino recopilar información sobre el Sistema Solar mientras lo atraviesa.

Visto a través de esta lente, varias de las anomalías más fuertes de 3I/ATLAS encajan de forma natural. La alineación retrógrada en la eclíptica se convierte en una geometría observacional directa. Un objeto que llega por el plano de los planetas —pero moviéndose en sentido contrario— obtiene una vista amplia y de alto contraste de la arquitectura del Sistema Solar. Es la misma geometría que elegiríamos para un sobrevuelo de reconocimiento en un sistema planetario desconocido.

La alineación con la esfera de Hill de Júpiter, una de las características estadísticamente más llamativas, también encaja cómodamente aquí. Un observador pasivo que atraviesa un sistema planetario podría usar grandes cuerpos gravitacionales como puntos de referencia, del mismo modo que nuestras propias naves espaciales utilizan sobrevuelos planetarios para refinar trayectorias o estabilizar observaciones de largo alcance. La precisión del encuentro proyectado de 3I/ATLAS con el límite gravitacional de Júpiter podría interpretarse como una conveniencia de navegación más que como una prueba deliberada: una forma de mantener un camino estable minimizando el gasto de energía.

Otras características —como la morfología del polvo, la composición y el comportamiento fotométrico— no favorecen fuertemente a ninguna hipótesis en el análisis bayesiano. En este escenario, son descriptivas más que diagnósticas. Nos dicen algo sobre la historia material o la construcción del objeto, no sobre sus intenciones. Una sonda diseñada para viajes de larga duración podría emplear aleaciones o volátiles distintos de los típicos de un cometa. Un objeto natural formado en un entorno inusual podría mostrar las mismas características. En un escenario de observación pasiva, estas características son pistas de origen, no señales de comportamiento.

Incluso los chorros, los flujos estrechos y la aceleración no gravitacional suave —el conjunto más desafiante para los modelos naturales— pueden interpretarse sin invocar intención. Un observador pasivo podría emplear ventilación controlada o rutas térmicas diseñadas para mantener la estabilidad durante el perihelio. Un objeto natural con una estructura interna inusual podría comportarse de manera similar. En este escenario, la pregunta no es "¿Qué intenta decirnos?", sino "¿Qué revela este comportamiento sobre su construcción o composición?".

En este escenario, 3I/ATLAS no nos evalúa, no se esconde, no señala, no sondea. Simplemente pasa, recopilando datos mientras avanza, siguiendo una trayectoria que optimiza sus propios objetivos observacionales. Su silencio no es estratégico —es intrínseco. Un observador pasivo no tiene razón para responder a nuestras señales, ni incentivo para revelarse, ni necesidad de alterar su curso en reacción a nuestra presencia. Si el primer escenario presenta a 3I/ATLAS como un examinador, este lo presenta como un viajero con una cámara: un instrumento silencioso que deriva por el Sistema Solar, registrando lo que ve, indiferente a si lo notamos.

Escenario 3: Preámbulo de amenaza

Este es un escenario incómodo, pero la honestidad intelectual exige considerar todas las posibilidades. En este marco, 3I/ATLAS estaría realizando reconocimiento con fines estratégicos más que científicos. Una trayectoria controlada, pasos cercanos a planetas y un mapeo detallado podrían interpretarse como recolección de información para una futura acción. Nada en los datos nos guía hacia esta interpretación, y nada en el comportamiento de 3I/ATLAS sugiere hostilidad. Pero si uno contempla la hipótesis artificial en absoluto, este escenario debe incluirse para completar. Este escenario representa la rama, en el árbol de decisiones, en la que el reconocimiento no es un preludio al contacto, sino a la evaluación.

Si 3I/ATLAS representa las primeras etapas de una amenaza — no un ataque, sino una maniobra previa a una incursión — su comportamiento no sería teátrico ni abiertamente hostil. Una civilización capaz de viajar entre estrellas no necesitaría anunciarse con espectáculo. En cambio, un preámbulo de amenaza se definiría por posicionamiento estratégico, recolección de información y minimización de riesgos.

El objetivo sería entrar al Sistema Solar en silencio, mapear el entorno, evaluar defensas y aproximarse a puntos gravitacionales u observacionales clave sin detonar pánico ni provocar represalias.

Visto desde este ángulo, varias de las anomalías más fuertes de 3I/ATLAS adquieren una coherencia más táctica. La alineación retrógrada con la eclíptica se vuelve una elección deliberada: una trayectoria que maximiza la visibilidad del sistema planetario mientras minimiza la probabilidad de colisión o interceptación. Aproximarse por el plano de los planetas —pero en sentido contrario— ofrece un barrido de alta resolución del tráfico orbital, huellas energéticas e infraestructura tecnológica. Es la misma geometría que podría elegir una nave de reconocimiento al entrar en un sistema potencialmente hostil.

Un detalle adicional cobra importancia en este marco: **3I/ATLAS alcanzó el perihelio mientras se encontraba casi exactamente en oposición al Sol desde la perspectiva terrestre**, colocándose efectivamente en una especie de "eclipse" solar respecto a nosotros. Esta geometría es incómoda para la observación desde la Tierra y sería un momento ideal para que un objeto minimizara el escrutinio durante su paso más cercano al Sol. Combinado con el hecho de que **su trayectoria entrante "evitó" cualquier aproximación cercana a la Tierra**, el patrón se asemeja a un ocultamiento intencional: el comportamiento de una inteligencia consciente de nuestra presencia y que elige deliberadamente limitar nuestras oportunidades de observación.

Características como la morfología del polvo, la composición y el comportamiento fotométrico —que el análisis Bayesiano trata como neutrales— no tienen significado estratégico aquí. Pueden simplemente reflejar materiales de construcción o historia ambiental. En este escenario, no son señales ni intentos de ocultamiento; son propiedades incidentales de un objeto cuyo propósito reside en su trayectoria y comportamiento, no en su química superficial.

Sin embargo, los chorros, los flujos estrechos y la ligera aceleración no gravitacional, adquieren un significado distinto.

Son los rasgos más difíciles de explicar con modelos naturales y los que más fuertemente favorecen el control. En un escenario de preámbulo de amenaza, pueden leerse como propulsión de bajo empuje: ajustes precisos y estables que permiten refinar la trayectoria sin revelar un motor convencional.

Un preámbulo de amenaza no requiere gran empuje; requiere sutileza. El hecho de que el núcleo permanezca intacto pese a la pérdida de masa implícita podría indicar refuerzo interno o geometría de ventilación diseñada —características coherentes con un vehículo construido para maniobrabilidad más que fragilidad.

El rasgo más trascendental en este escenario es la alineación con la esfera de Hill de Júpiter. Una inteligencia con mentalidad estratégica casi con certeza explotaría cuerpos gravitacionales mayores para posicionamiento, ocultamiento o preparación. Pasar cerca del límite gravitacional de Júpiter ofrece varias ventajas:

- Proporciona un punto de observación estable del Sistema Solar interior.
- Permite enmascarar la trayectoria detrás del volumen de Júpiter.
- Ofrece un punto de giro de baja energía para redirigirse más profundamente en el sistema solar.
- Prueba si los habitantes del sistema pueden rastrear un encuentro gravitacional preciso.

La precisión del paso proyectado de 3I/ATLAS —especialmente después de una aceleración no gravitacional medible— es exactamente el tipo de maniobra que una inteligencia cautelosa y estratégica podría ejecutar antes de comprometerse con una incursión más profunda.

En este escenario, 3I/ATLAS no está aquí para comunicarse ni para poner a prueba nuestros reflejos científicos. Está aquí para posicionarse. Su silencio no es contención, sino indiferencia. Su trayectoria no es un camino de reconocimiento científico, sino un arco de pre-despliegue.

Mientras que el primer escenario presenta a 3I/ATLAS como un examinador y el segundo como un viajero, este escenario lo presenta como un explorador táctico: un precursor silencioso y metódico de algo mayor, cartografiando el terreno antes de que llegue la fuerza principal.

Escenario 4: Fenómeno natural

En este escenario, 3I/ATLAS es simplemente un visitante interestelar extraño pero natural, cuyas anomalías reflejan la diversidad del material exoplanetario más que cualquier forma de control o ingeniería. En este marco, la trayectoria inusual y los chorros no son señales de intención —son recordatorios de que la naturaleza es más variada que nuestro catálogo actual.

Este escenario es el caso base de la ciencia. Una probabilidad del 23% de origen artificial (bajo el prior más escéptico) sigue implicando un 77% de probabilidad de que 3I/ATLAS sea natural. Incluso bajo probabilidades previas más generosas, la explicación natural nunca queda descartada; simplemente se vuelve menos favorecida a medida que crece el conjunto de anomalías.

El escenario del fenómeno natural es el que exige mayor disciplina intelectual. Nos pide asumir que cada característica inusual del objeto, por llamativa que sea, surge de la física de su formación y de las tensiones de su viaje interestelar.

Aislada, esta es una postura razonable. La naturaleza es diversa, y nuestra muestra de objetos interestelares es diminuta. Pero cuando consideramos todas las características observadas de 3I/ATLAS en conjunto, la explicación natural deja de ser una historia limpia y se convierte en un mosaico de excepciones, casos límite y condiciones especiales.

Desde esta perspectiva, la alineación retrógrada en la eclíptica es simplemente una coincidencia de mecánica celeste. Algunos objetos interestelares inevitablemente pasarán cerca del plano eclíptico, y algunos llegarán en trayectorias retrógradas.

Pero la combinación —movimiento retrógrado y alineación casi perfecta con el "tablero" del Sistema Solar— es estadísticamente poco común. Una explicación natural es posible, pero requiere aceptar que 3I/ATLAS sigue una de las geometrías más convenientes desde el punto de vista observacional.

Características como la morfología del polvo, la composición y el comportamiento fotométrico —que el análisis Bayesiano trata como neutrales— encajan cómodamente en este escenario. Todas tienen explicaciones naturales, y ninguna favorece con fuerza la artificialidad. Pero si apuntan a entornos de formación distintos y a historias físicas diferentes. Ninguna de estas características viola la física —pero cada una empuja al objeto hacia el borde de lo que consideramos típico.

La aceleración no gravitacional y el núcleo intacto presentan una tensión más profunda. Para explicar la aceleración observada de forma natural, debemos asumir una pérdida de masa significativa. Para explicar el núcleo intacto, debemos asumir que esa pérdida de masa es extremadamente uniforme, extremadamente localizada o está ocurriendo de formas que no podemos resolver. Nada de esto es imposible —pero requiere una cadena de suposiciones que deben ser ciertas simultáneamente.

La característica más desafiante para el escenario natural es la alineación con la esfera de Hill de Júpiter. Un objeto natural puede pasar cerca del límite gravitacional de Júpiter por azar. Pero la precisión del encuentro proyectado de 3I/ATLAS —especialmente después de una aceleración no gravitacional medible— es estadísticamente llamativa. Una explicación natural sigue siendo posible, pero requiere aceptar que la trayectoria de 3I/ATLAS es un caso inusualmente atípico en un conjunto de solo tres visitantes interestelares conocidos.

En este escenario, 3I/ATLAS es un vagabundo: un fragmento de otro sistema planetario que porta las huellas químicas y estructurales de su origen. Sus características no son señales, sino consecuencias. Su trayectoria no es estratégica, sino serendípica. Su silencio no es significativo; es intrínseco.

Pero la honestidad exige reconocer los límites de esta interpretación. Una explicación natural puede dar cuenta de cada característica de 3I/ATLAS —pero solo invocando una excepción distinta, un caso límite distinto o una condición especial distinta para casi cada una.

El escenario es viable, pero no es simple. Es un mosaico de explicaciones "inusuales pero posibles" apiladas unas sobre otras.

Mientras los otros escenarios exploran intención, este explora complejidad. Nos recuerda que la naturaleza puede sorprendernos —pero también que la sorpresa, cuando se repite a través de muchas características independientes, se convierte en su propio tipo de señal.

Matriz comparativa

Ahora que tenemos cuatro escenarios coherentes —preparación para un primer contacto, observador pasivo, preámbulo de amenaza y objeto natural— el siguiente paso es comparar cómo encaja cada uno con la estructura real de anomalías de 3I/ATLAS. El objetivo no es decidir cuál escenario es correcto, sino ver cómo cada uno interpreta la misma evidencia.

Una matriz comparativa ayuda a clarificar esto. Muestra, de un vistazo, cómo cada escenario maneja los siete conjuntos de anomalías utilizados en el análisis bayesiano. Algunos conjuntos tienen un fuerte poder discriminante (geometría orbital, alineación con Júpiter, chorros/aceleración no gravitacional). Otros son neutrales (composición, fotometría, morfología del polvo, dirección de llegada). Al mapear cada escenario contra estos conjuntos, podemos ver dónde convergen las interpretaciones, dónde divergen y dónde dependen de coincidencia, intención o ingeniería.

Esta matriz no es una tarjeta de puntuación. Es una herramienta de claridad —una forma de hacer explícitas las suposiciones que cada escenario debe adoptar para seguir siendo viable. Muestra cómo los mismos datos pueden sostener narrativas muy diferentes, y cómo el peso de la evidencia cambia según el marco interpretativo.

Tabla 2. Comparación de cómo los cuatro escenarios posibles se ajustan a las siete características observacionales principales de 3I/ATLAS. Las marcas verdes indican características que encajan de forma natural con un escenario; los guiones amarillos indican compatibilidad sin un apoyo fuerte; las cruces rojas indican características que requieren coincidencias o múltiples suposiciones especiales

Rasgo	Escenario 1: Preparación para primer contacto	Escenario 2: Observador pasivo	Escenario 3: Preámbulo de amenaza	Escenario 4: Objeto natural
1. Geometría orbital (retrógrada, cercana a la eclíptica)	√ Trayectoria adecuada para escanear todo el Sistema Solar	√ Encaja con una geometría observacional eficiente	√ Coherente con una ruta táctica de entrada	– Coincidencia pero posible
2. Alineación con la esfera de Hill de Júpiter	√ Parece un sobrevuelo planificado o una maniobra de mapeo	√ Encaja como conveniencia de navegación	√ Coherente con un posicionamiento estratégico	X Coincidencia de baja probabilidad
3. Chorros y aceleración no gravitacional	√ Compatible con propulsión suave y controlada	– Podría reflejar estabilidad o control pasivo diseñado	√ Compatible con propulsión de baja señal	X Requiere múltiples supuestos naturales finamente ajustados
4. Composición (rica en níquel, baja en agua)	– Podría ser material incidental	– Incidental	– Compatible con una elección funcional de materiales	√ Dentro de la diversidad composicional natural
5. Comportamiento fotométrico (aumento de brillo, tonalidad azulada)	– Podría deberse a materiales diseñados reaccionando a la luz solar	– Normal para ciertos materiales o tipos de superficie	– Podría ser un subproducto de construcción	– Raro pero natural
6. Morfología del polvo (anticola orientada al Sol)	– Patrón normal de liberación de polvo que prueba cómo interpretamos formas inusuales	– Simple subproducto de iluminación y ángulo de observación	– No optimizado para ocultamiento; consistente con polvo ordinario	√ Efecto natural bien conocido causado por granos de polvo rezagados que parecen apuntar hacia el Sol
7. Dirección de llegada (proximidad a la región Wow!)	– Coincidencia	– Coincidencia	– Coincidencia	– Coincidencia

En resumen, la matriz deja un punto absolutamente claro: los distintos escenarios no compiten en igualdad de condiciones cuando se trata de explicar las anomalías más fuertes. Los escenarios artificiales —ya sea como preparación para el contacto, observación pasiva o reconocimiento estratégico— ofrecen interpretaciones limpias y coherentes de la geometría orbital, la alineación con Júpiter y la aceleración no gravitacional suave. Estas características encajan de manera natural cuando se permite la posibilidad de intención o control.

El escenario natural, en cambio, sigue siendo viable pero cada vez más tensionado: debe tratar esas mismas anomalías de alto peso como coincidencias independientes, cada una requiriendo sus propias condiciones especiales. Mientras tanto, los conjuntos neutrales —composición, fotometría, morfología del polvo y dirección de llegada— aportan poco para discriminar entre posibilidades, razón por la cual aparecen como amarillos en toda la matriz.

La matriz, por tanto, no nos dice cuál escenario es verdadero, pero sí revela cómo se desplaza la carga explicativa. Los escenarios artificiales ganan coherencia a medida que crece el conjunto de anomalías; el escenario natural conserva plausibilidad, pero al costo de acumular excepciones. El resultado no es un veredicto, sino un paisaje aclarado: una visión estructurada de cómo cada escenario encaja con los datos y dónde cada uno debe estirarse para seguir siendo creíble. Los escenarios artificiales ofrecen coherencia al precio de la implicación; el escenario natural ofrece seguridad al precio de la complejidad. Y nosotros quedamos entre ambos, observando a un visitante que se niega a decirnos qué es, por qué vino o si siquiera nos notó.

Pero lo más importante no es si 3I/ATLAS es natural o artificial, sino lo que las probabilidades actualizadas implican para nosotros.

El razonamiento Bayesiano nos pide decidir cuán en serio debemos tomar una posibilidad una vez que la evidencia ha cambiado. Del mismo modo que una secuencia de crujido→gruñido→sombra en un bosque no prueba que haya un oso, pero sí justifica dar un paso atrás, el patrón de anomalías de 3I/ATLAS no prueba artificialidad —pero sí justifica prestar atención. La pregunta ya no es "¿Es natural o no?", sino: **"Dadas las probabilidades actualizadas, cuál es la postura racional para adoptar de aquí en adelante?"**

Pero las probabilidades por sí solas no cuentan toda la historia. La matriz solo aclara cómo cada escenario encaja con los datos —no por qué un objeto artificial, si lo fuera, se comportaría así. Las anomalías no describen solo movimiento o composición; insinúan patrones de elección, de contención y de prioridades. Una trayectoria controlada sugiere un tipo de mentalidad; un sobrevuelo silencioso, otro; un encuentro gravitacional cauteloso, otro más. Si 3I/ATLAS es natural, estos patrones se disuelven en coincidencia. Pero si es artificial, entonces el comportamiento que observamos no es solo físico —es psicológico.

Para entender qué tipo de inteligencia podría producir estas características, y cuáles podrían ser sus objetivos o limitaciones, debemos pasar de la mecánica orbital a los arquetipos de comportamiento.

Los cuatro escenarios nos dan una estructura para pensar en 3I/ATLAS —pero no existen en asilamiento. Ningún objeto, ninguna señal y ninguna anomalía lo es. Para entender cómo encaja 3I/ATLAS en cualquiera de estas posibilidades, debemos ampliar la perspectiva y observar la secuencia completa de eventos que nos trajo hasta aquí. Mucho antes de que apareciera 3I/ATLAS, el cielo ya había entregado una serie de visitantes extraños, más una señal inolvidable, cada uno con su propio momento, su propio carácter y sus propias preguntas sin respuesta. Sean estos eventos conexiones o coincidencias, forman el telón de fondo contra el cual 3I/ATLAS debe interpretarse.

Por eso, antes de analizar intención o comportamiento, debemos volver al propio conjunto de anomalías —al patrón de llegadas que, visto en retrospectiva, podría revelar una historia mucho más grande que un solo objeto.

Capítulo 2: La acumulación de anomalías

Si hay una correlación la encontraremos. Y si no lo hay... igual se hará el intento

Antes de que 3I/ATLAS apareciera, el cielo ya había empezado a susurrar. No en voz alta, no con claridad, sino con una cadencia lo bastante extraña como para que un análisis retrospectivo, nos resulte inquietante. Un único pulso de radio en 1977. Un fragmento giratorio proveniente de las estrellas en 2017. Un cometa de libro de texto en 2019. Cada evento llegó solo, envuelto en ambigüedad, fácil de descartar como coincidencia. Pero cuando se colocan uno al lado del otro, empiezan a parecer otra cosa: una secuencia, un ritmo, un patrón de llegadas que explora distintos rincones de nuestra atención.

Este capítulo consideramos en esa posibilidad, pero con cautela. Lo que sigue es una narrativa que baila entre la ciencia y la especulación —únicamente como un ejercicio de imaginación responsable. El objetivo no es afirmar intención, sino explorar si estas anomalías, tomadas en conjunto, forman un patrón digno de atención. Aquí enlazamos una serie de eventos curiosos —la señal Wow! de 1977, 1I/'Oumuamua, 2I/Borisov y 3I/ATLAS— como una secuencia sutil de pruebas que examinan distintos aspectos de nuestra conciencia. La idea comenzó como un simple experimento mental: tras notar la cadencia y el carácter de estos eventos, **me pregunté: ¿qué podría hacer una civilización externa si**

estuviera preparando un primer contacto?, ya sea para estudiar o por razones que aún no podemos imaginar.

La historia ofrece un paralelo sobrio. Cuando las civilizaciones se encuentran por primera vez, el encuentro suele ser desastroso para la parte menos avanzada. Una inteligencia cautelosa —una que busque evitar una catástrofe, no causarla— podría avanzar paso a paso, del mismo modo que lo hacen los planificadores al evaluar un entorno desconocido: reconocimiento, confirmación visual, muestreo de referencia, análisis de patrones a largo plazo. Esta analogía pretende iluminar cómo un observador podría recopilar e interpretar señales, no prescribir tácticas ni declarar intenciones. Es una lente, no una conclusión.

Imagina estar de pie al borde de un océano inmenso, observando ondas que podrían ser señales desde otra orilla. ¿Podrían estas anomalías ser migas de pan dejadas por una inteligencia más allá de la Tierra? ¿O son simplemente coincidencias que revelan más sobre nuestra tendencia a buscar patrones que sobre el universo mismo? Este capítulo explora esa tensión —con curiosidad, con cautela y con humildad científica—.

Etapa 1: Reconocimiento, ¿Estamos escuchando? La señal ¡Wow!

El radiotelescopio de la Universidad Estatal de Ohio —conocido como *Big Ear*— era un gigante extraño en los campos de maíz de Ohio, un telescopio fijo construido a partir de una vasta plancha de aluminio en el suelo y dos enormes reflectores, uno plano y otro curvo, enfrentados como muros silenciosos. No podía girar ni inclinarse; en su lugar, dejaba que el cielo pasara sobre él mientras la Tierra giraba, barriendo una delgada franja celeste noche tras noche con paciencia monástica. Durante más de dos décadas escuchó de esta manera, llevando a cabo una de las búsquedas SETI continuas más largas jamás intentadas.

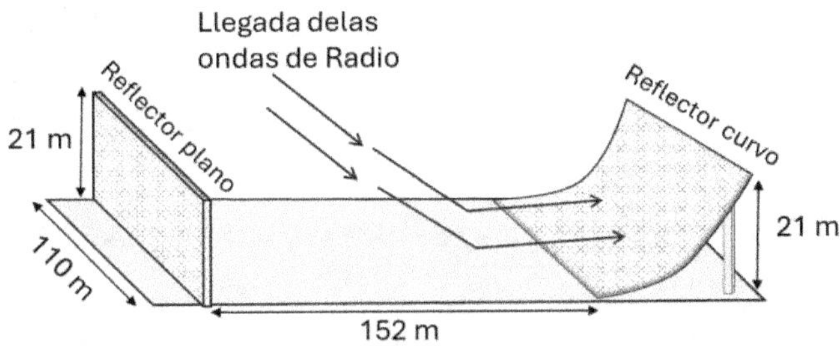

Figura 10. Esquema del radiotelescopio Big Ear. Imágenes reales y de alta calidad pueden encontrarse en:
https://www.bigear.org/slideshow/tour.htm

El telescopio estaba automatizado, produciendo sin descanso interminables montones de impresiones de computadora llenas de columnas de números y letras. El 15 de agosto de 1977, aquella máquina paciente e inmóvil captó algo extraordinario; sin embargo, no había nadie allí para atestiguarlo. Días después, en una oficina estrecha repleta de papeles, el astrónomo voluntario Jerry Ehman se sentó a realizar lo que parecía una tarea aburrida: revisar los datos línea por línea en busca de anomalías. Lo había hecho incontables veces, casi siempre sin encontrar nada más que ruido.

Entonces, sus ojos se detuvieron en una cadena peculiar de caracteres: **6EQUJ5**.

Los números y letras representaban la intensidad de la señal a lo largo del tiempo. Para el ojo entrenado de Ehman, aquello no era estática aleatoria: era un estallido de energía de radio mucho más fuerte de lo que cabría esperar del ruido natural de fondo. Sin pensarlo, Ehman tomó su bolígrafo rojo, rodeó la secuencia y escribió una sola palabra en el margen:

"Wow!"

Esa anotación impulsiva le dio a la señal su nombre inmortal.

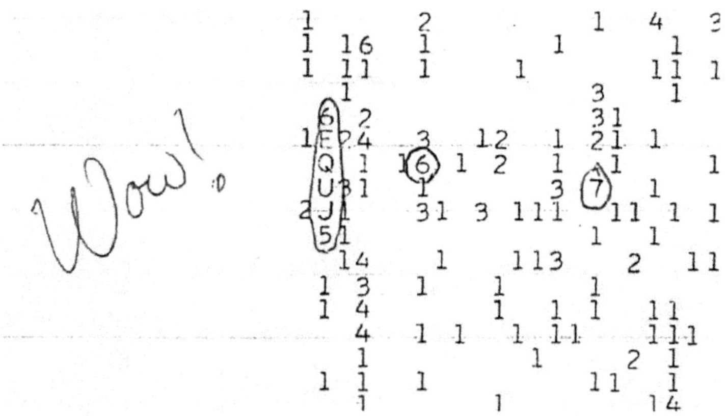

Figura 11. La señal Wow! (Archivo: *Wow signal.jpg* — Wikimedia Commons).

Hasta el día de hoy, la señal ¡Wow! sigue siendo uno de los misterios más tentadores de SETI. ¿Fue un fenómeno natural, o un susurro deliberado de otra mente?

Imagina que intentas averiguar si una civilización posee tecnología de radio. No necesitas enviar un mensaje largo. No necesitas decir "hola". Solo necesitas un único estallido, justo en la banda donde es más probable que estén prestando atención. Si lo notan, habrás aprendido algo importante: están escuchando.

Si asumimos que la señal ¡Wow! fue deliberada, la implicación es que esa civilización hipotética ya conocía nuestra ubicación aproximada. No es descabellado pensar que alguien pudiera saber que existimos, considerando que llevamos enviando ondas de radio al espacio de manera involuntaria desde principios del siglo XX. Cualquiera dentro de un radio de unos 77 años luz podría haber detectado esas emisiones.

¿Pudo la señal Wow! haber sido una prueba? Un sondeo, no de nuestro planeta, sino de nuestra conciencia. ¿Escucharíamos? ¿La reconoceríamos? ¿Responderíamos? Escuchamos. La reconocimos. Pero no respondimos. Sin embargo, incluso sin respuesta, nuestra conciencia podría haberse detectado observando cambios en nuestras emisiones de radio, en la cobertura mediática, etc. Nuestro silencio habría hablado por nosotros. Quien enviara el pulso —si es que fue enviado— sabría ahora dos cosas:

1. La Tierra tiene capacidades de radioastronomía.

2. La Tierra es cautelosa, quizá reacia a contestar.

Es importante señalar que la falta de repetición de la señal dificulta demostrar intención. Un plan de monitoreo auténtico probablemente enviaría múltiples pulsos para confirmar la detección. Sin embargo, quizá nuestro silencio influyó en lo que vino después. Porque años más tarde, el ciclo no se detuvo.

Cambió del radio a los visitantes físicos. Si la primera prueba fue el sonido, la siguiente sería la vista. Una civilización que sondea nuestra conciencia no se detendría en un solo canal. Escalaría: de un susurro en la banda de radio a un mensajero cruzando nuestros cielos.

Etapa 2: Vigilancia — ¿Estamos observando? 1I/'Oumuamua

Cuarenta años después de la señal ¡Wow!, el cielo entregó algo nuevo. En octubre de 2017, astrónomos en Hawái detectaron un punto tenue y veloz que no pertenecía al Sistema Solar. Fue nombrado 1I/'Oumuamua, el 1I indica que es el primer objeto interestelar detectado, y el nombre es una palabra hawaiana que significa "un mensajero que llega primero desde lejos".

Este objeto no se parecía a nada que hubiéramos visto:

- **Forma:** Extremadamente alargada, quizá diez veces más larga que ancha —descrito como un cigarro cósmico girando sobre sí mismo.

- **Comportamiento:** Mostró una ligera aceleración no gravitacional después de pasar por el Sol, pero sin los chorros de gas típicos de un cometa. Algunos bromearon que parecía una "vela luminosa", otros un "cigarro cósmico de broma".

- **Brillo:** Exhibió variaciones extremas de brillo (hasta un factor de 10), lo que llevó a algunos astrónomos a bromear que "giraba como una batuta".

- **Sincronía:** Llegó casi exactamente 40 años después de la señal ¡Wow! —una generación humana más tarde.
- **Procedencia:** La señal ¡Wow! parecía venir de Sagitario, cerca del centro galáctico, mientras que 1I/'Oumuamua llegó desde la dirección de Lyra/Vega.

Figura 12. 1I/'Oumuamua. Ilustración artística que muestra sus variaciones extremas de brillo.

La cadencia generacional es llamativa: si uno imagina un escenario diseñado, 40 años podrían interpretarse como un ritmo deliberado —lo bastante largo para observar cómo evolucionó la humanidad después de la señal Wow!, pero lo bastante corto para sentirse intencional. Aunque este intervalo también podría ser simple coincidencia. En 1977, la radioastronomía SETI aún era joven, y la señal ¡Wow! se convirtió en su anomalía más famosa. Cuarenta años después, en 2017, la astronomía había avanzado de forma dramática: los estudios de gran campo como Pan-STARRS eran capaces de detectar objetos interestelares débiles y de movimiento rápido. El momento casi parece un "desafío de siguiente etapa".

Las diferentes direcciones de llegada también resultan intrigantes. Si uno se permite un escenario especulativo, podrían interpretarse como parte de un patrón de observación distribuido —no una repetición desde la misma fuente, sino una nueva llegada desde otra región del cielo—. Por supuesto, esto también podría ser simple casualidad celeste.

¿Podríamos detectar un visitante fugaz venido de más allá de las estrellas? ¿Podríamos reconocer su rareza? Si, así fue. Telescopios de todo el mundo se orientaron hacia él, los artículos científicos se multiplicaron y los debates estallaron. El mensajero había sido visto.

Es importante señalar que, si 1I/'Oumuamua hubiese sido diseñado, su trayectoria no estaba optimizada para un estudio cercano de la Tierra: pasó rápido y era tenue. Una sonda auténtica probablemente habría permanecido más tiempo o habría maniobrado. Lo más intrigante fue su aceleración no gravitacional al pasar cerca del Sol, sin ningún escape detectable de gas; esto sigue sin una explicación convincente.

Etapa 3: Muestra de referencia — el extraño ordinario 2I/Borisov

Solo dos años después de 1I/'Oumuamua, en agosto de 2019, apareció otro viajero interestelar. Esta vez tenía un aspecto familiar: un cometa con una coma brillante y una cola que se extendía millones de kilómetros. Descubierto por el astrónomo aficionado Gennadiy Borisov en Crimea, fue nombrado 2I/Borisov —el segundo objeto interestelar jamás encontrado.

A diferencia de la forma extraña y la aceleración no gravitacional de 1I/'Oumuamua, 2I/Borisov se veía y se comportaba como un cometa de libro de texto: un núcleo, una coma y una cola. Fue el primer cometa interestelar confirmado, demostrando que no todos los visitantes son anomalías. Sin embargo, su química fue inusual: los astrónomos encontraron que era rico en monóxido de carbono, lo que sugiere que se formó en un entorno extremadamente frío, quizá alrededor de una estrella enana roja.

2I/Borisov llegó solo dos años después de 1I/'Oumuamua. Ese intervalo tan corto casi parece un seguimiento deliberado: primero una anomalía, luego un caso normal, como si se quisiera probar si los científicos reaccionarían de forma exagerada o se mantendrían cautos. En nuestra propia práctica científica, solemos realizar "pruebas de control", cuyo propósito es proporcionar una línea base para la comparación. Estas son esenciales para establecer validez, fiabilidad y relaciones de causa y efecto.

En un laboratorio, cuando un experimento produce un resultado sorprendente, los científicos buscan de inmediato un control —un caso de referencia que muestre cómo se ve lo "normal" bajo condiciones similares—. 2I/Borisov podría haber sido ese control: la prueba de que los objetos interestelares pueden ser cometas ordinarios, formados en sistemas estelares distantes y vagando hasta el nuestro. Al proporcionar un control, 2I/Borisov agudizó el contraste. Uno podría imaginar —puramente de forma especulativa— que un caso normal podría aparecer después de una anomalía para mantener a los observadores cautos, de modo que anomalías como 1I/'Oumuamua y 3I/ATLAS destaquen con mayor nitidez. Pero, por supuesto, una explicación mucho más probable es que 2I/Borisov fuera simplemente natural, y que nuestra reacción ante él fuera lo único digno de monitoreo.

¿Podríamos distinguir entre lo natural y lo anómalo? ¿Descartaríamos al primer mensajero como un capricho, o reconoceríamos que incluso los visitantes "ordinarios" traen implicaciones extraordinarias? 2I/Borisov podría haber servido como prueba de que los cometas interestelares existen, y de que el cosmos entrega tanto anomalías como casos normales—. Desde una perspectiva de monitoreo, es poco probable que una civilización avanzada enviara o desviara un cometa de apariencia natural solo como prueba. Más probable es que 2I/Borisov sea simplemente natural, pero que nuestra reacción y análisis hayan sido observados del mismo modo que antes.

Figura 13. 2I/Borisov, representación artística

Etapa 4: Análisis de patrones — el verdadero extraño, 3I/ATLAS

Para 2025, los astrónomos ya no se sorprendían ante la idea de visitantes interestelares. El siguiente fue 3I/ATLAS, descubierto ese mismo año por el sistema ATLAS (*Asteroid Terrestrial-impact Last Alert System*) en Hawái. A primera vista parecía ordinario: otro cometa proveniente de más allá del Sistema Solar. Sin embargo, su momento y su carácter llevaban una resonancia más profunda.

De acuerdo con cálculos de Avi Loeb, su dirección de llegada se encontraba a solo nueve grados de la dirección de la señal ¡Wow! en Sagitario —apenas unas 18 veces el ancho aparente de la Luna—. A diferencia de 'Oumuamua, 3I/ATLAS llegó alineado a la eclíptica, el plano de las órbitas planetarias, como si estuviera trazando deliberadamente la misma franja del cielo donde la señal ¡Wow! había susurrado décadas antes. 3I/ATLAS era activo, con coma y cola. Parecía unir el ciclo: primero radio, luego sondas cometarias, todas a lo largo del mismo corredor.

Comparado con 2I/Borisov, 3I/ATLAS es un verdadero enigma. Rompe casi todo lo que creemos saber sobre los cometas —interestelares o no—. Hay al menos catorce comportamientos inexplicados que hacen que 3I/ATLAS destaque del resto. Cada una de estas anomalías puede explicarse mediante procesos naturales, pero juntas obligan a los científicos a rascarse la cabeza intentando evitar una explicación más exótica en sus modelos: la posibilidad que 3I/ATLAS pudiera ser artificial. Esto sigue siendo especulativo, pero la pila de anomalías hace que la pregunta sea difícil de ignorar:

¿Notaríamos que su trayectoria hacía eco de la señal de 1977? ¿Podríamos diferenciar un cometa de manual como 2I/Borisov de una sonda disfrazada de objeto natural?

Figura 14. 3I/ATLAS, representación artística

La prueba ciega de Júpiter

Hasta este punto hemos mirado hacia atrás: analizando la pila de anomalías, sopesando explicaciones que compiten entre sí y considerando *lo que ya ha hecho* 3I/ATLAS. Pero la historia no ha terminado. 3I/ATLAS sigue moviéndose, sigue evolucionando, y su próximo destino ofrece algo raro en la ciencia: un experimento natural que no diseñamos, pero del que aún podemos aprender.

3I/ATLAS se dirige ahora hacia Júpiter, el mayor pozo gravitacional del Sistema Solar. Eso, por sí solo, ya es notable. Pero lo que hace que este momento sea científicamente precioso es que Júpiter actúa como un amplificador cósmico.

Su gravedad, sus cinturones de radiación, su campo magnético y su entorno plasmático someten a prueba a cualquier objeto que pase cerca. Los cometas naturales se comportan de cierta manera bajo ese estrés. Los objetos controlados se comportan de otra. Y los objetos con intención —ya sea de reconocimiento o algo más— se comportan de una manera distinta.

En otras palabras, Júpiter nos ofrece una **prueba ciega** (un experimento donde los participantes no están enterados de información clave para evitar sesgo): una oportunidad de observar qué hace 3I/ATLAS a continuación sin conocer la respuesta de antemano.

Para que esta prueba sea significativa, podemos delinear lo que cada uno de los cuatro escenarios predeciría —no con certeza, sino con suficiente estructura como para que las observaciones futuras puedan desplazar el equilibrio Bayesiano mostrado en el primer capítulo. ¿Qué esperaríamos para cada escenario?

Escenario 1: Prueba preparatoria para un primer contacto

Una secuencia de sondas crecientes diseñada para medir nuestra conciencia, disciplina interpretativa y madurez tecnológica antes de cualquier comunicación directa.

Qué predeciría este escenario cerca de Júpiter:

1. Maniobras intencionales pero sutiles

- Pequeñas correcciones de rumbo que mantengan a 3I/ATLAS intacto

- Modelado de trayectoria que parezca "optimizado" y no aleatorio

- Evitación de regiones de fuerte tensión gravitacional

2. Comportamiento diseñado para ser *interpretable*

- Cambios de orientación que parezcan deliberados

- Patrones de actividad estructurados, no caóticos

- Variaciones de brillo que se repiten o se estabilizan

3. Una trayectoria que maximiza la observación científica

- Paso por regiones donde los instrumentos terrestres puedan rastrearlo mejor

- Alineaciones que parezcan "demasiado convenientes" para la recolección de datos

4. Sin señales abiertas — pero sin intento de ocultarse. Este escenario asume que quieren que notemos patrones, no que entremos en pánico.

En resumen: si 3I/ATLAS se comporta como algo que ejecuta un experimento controlado sobre nuestras capacidades interpretativas —sutil, estructurado y no aleatorio— este escenario ganaría fuerza.

Escenario 2: Observación pasiva

Un observador a largo plazo, no intrusivo, que nos estudia como nosotros estudiamos ecosistemas: en silencio, sin interferencia.

Qué predeciría este escenario cerca de Júpiter:

1. Una trayectoria que prioriza la seguridad sobre la eficiencia

- Correcciones suaves, de bajo empuje

- Evitación de zonas gravitacionales de alto riesgo

- Ninguna maniobra dramática

2. Estabilidad bajo estrés

- Sin fragmentación

- Sin comportamiento caótico de chorros

- Sin cambios repentinos en la rotación

3. Cambios de orientación consistentes con escaneo

- Reorientaciones lentas y deliberadas

- Cambios de brillo que coinciden con patrones de apuntado

- Sin indicaciones de empuje que parezcan propulsión

4. Una trayectoria posterior a Júpiter que continúa un arco observacional largo

- Trayectoria de salida hacia el Sistema Solar exterior

- Sin aproximaciones hacia la Tierra o los planetas interiores

En resumen: si 3I/ATLAS se comporta como algo que intenta mantenerse intacto y seguir observando, este escenario se fortalece.

Escenario 3: Preámbulo de una amenaza

Un patrón de reconocimiento optimizado no para la comunicación o la curiosidad, sino para mapear vulnerabilidades, puntos ciegos y comportamientos de respuesta.

Qué predeciría este escenario cerca de Júpiter:

1. Una trayectoria que explota a Júpiter como ventaja estratégica

- Una maniobra de asistencia gravitatoria que aumente la velocidad o cambie la dirección bruscamente

- Una ruta optimizada para cobertura, no para seguridad

2. Comportamiento de chorros que recuerde a propulsión controlada

- Chorros estables y enfocados

- Aceleración que aumenta cerca del punto de máximo acercamiento

- Cambios de rumbo incompatibles con desgasificación natural

3. Comportamiento que pruebe nuestras capacidades de detección y respuesta

- Maniobras durante ventanas de observación conocidas

- Cambios repentinos que parezcan sondear nuestros sistemas de rastreo

- Picos de actividad que parezcan "pings" (señales de prueba) más que estallidos naturales

4. Una trayectoria posterior a Júpiter que se acerque a regiones estratégicas

Ejemplos:

- El plano orbital de la Tierra

- El Sistema Solar interior

- El límite de la heliosfera

- Órbitas que permitan pasos repetidos

En resumen: si 3I/ATLAS se comporta como algo que mapea nuestro entorno o prueba nuestras reacciones, este escenario se vuelve más plausible.

Escenario 4: Fenómeno puramente natural

Un objeto interestelar extraño, pero, en última instancia, natural.

Qué predeciría este escenario cerca de Júpiter:

1. Una trayectoria puramente gravitacional

- Sin correcciones de rumbo

- Sin aceleración tipo empuje

- Trayectoria que coincide exactamente con los modelos de mecánica celeste

2. Aumento de actividad debido al estrés térmico o de marea

- Chorros que se intensifican de forma impredecible

- Aumento de producción de polvo

- Sin comportamiento direccional o estructurado

3. Posible fragmentación

Los cometas naturales suelen romperse cerca de Júpiter.
Si 3I/ATLAS se fractura de manera caótica, eso respalda
fuertemente el modelo natural.

4. Sin cambios de orientación con propósito

- El estado de giro permanece ruidoso

- Las variaciones de brillo siguen siendo estocásticas

- Sin señales de apuntado o escaneo

En resumen: si 3I/ATLAS se comporta como un cuerpo frágil
y rico en volátiles siendo maltratado por la gravedad de Júpiter,
el escenario natural ganaría fuerza.

Tabla 3. Resumen de comportamientos esperados durante la prueba ciega de Jupiter

Escenario	Si este escenario es correcto, 3I/ATLAS podría...
Prueba preparatoria para un primer contacto	• Realizar pequeños ajustes de rumbo suaves que parezcan intencionales y no aleatorios • Cambiar su orientación de formas que parezcan "deliberadas", como si apuntara o escaneara • Seguir una trayectoria que facilite nuestra capacidad de observarlo • Mostrar patrones de brillo o actividad que parezcan estructurados, no caóticos
Observación pasiva	• Evitar zonas peligrosas y tomar la "ruta segura" alrededor de Júpiter • Mantenerse estable e intacto, sin comportamientos dramáticos • Reorientarse lentamente como si estuviera observando o midiendo algo • Continuar después en un camino tranquilo y estable hacia el exterior del Sistema Solar
Preámbulo de Amenaza	• Usar Júpiter para realizar un giro brusco o un aumento de velocidad, como una maniobra deliberada • Mostrar actividad de chorros que parezca propulsión controlada, no desgasificación aleatoria • Realizar cambios repentinos que parezcan poner a prueba nuestra capacidad de seguimiento • Dirigirse después hacia una región estratégicamente importante (por ejemplo, el Sistema Solar interior)
Fenómeno natural	• Seguir exactamente la trayectoria predicha por la gravedad, sin sorpresas • Volverse más activo o inestable a medida que la gravedad de Júpiter lo somete a estrés • Posiblemente fragmentarse o perder material de forma desordenada y caótica • No mostrar señales de control, estructura o comportamiento intencional

La futura caravana

Si 3I/ATLAS es natural, entonces este capítulo termina como una curiosidad científica —un recordatorio de que el universo aún sabe sorprendernos—. Pero si no es natural, entonces quizá no esté solo. Tal vez 3I/ATLAS sea solo un miembro de una procesión más larga, una caravana de visitantes espaciados a lo largo de décadas, cada uno ofreciendo un tipo distinto de enigma: un susurro de radio, un explorador silencioso, un cometa de referencia y ahora un objeto cuyo comportamiento nos obliga a enfrentar nuestros propios límites interpretativos.

Si uno imagina esto como un diseño —y sigue siendo especulativo— entonces quizá la secuencia no haya terminado. Si esta secuencia refleja algo intencional, la próxima llegada podría estar ya en camino, oculta entre los puntos débiles que se deslizan hacia el Sol. Podría parecer ordinaria. Podría parecer extraordinaria. Podría estar tan bien disfrazada que solo la paciencia, el reconocimiento de patrones y la disciplina intelectual revelarían su propósito.

La pregunta más profunda no es si vendrá otro visitante. Es si lo notaremos. ¿Conectaremos los puntos, o trataremos cada anomalía como una curiosidad aislada? ¿Reconoceremos una coreografía, o insistiremos en la coincidencia? ¿Veremos el patrón solo en retrospectiva, cuando la caravana ya haya pasado? La señal ¡Wow! pudo haber sido el primer golpe en nuestra puerta; 1I/'Oumuamua el segundo; 2I/Borisov el tercero; 3I/ATLAS el cuarto.

A medida que 3I/ATLAS se acerca a Júpiter, estamos a punto de presenciar una rara prueba ciega. Su comportamiento en los próximos meses podría afinar la imagen: si se trata de un vagabundo natural, un observador pasivo, una sonda de reconocimiento o las primeras etapas de algo más deliberado.

La siguiente etapa podría estar ya en camino, programada para llegar cuando menos lo esperemos. **¿Podría el próximo paso —si es que existe— ser algo más cercano al contacto, o simplemente la siguiente pista en una secuencia que apenas estamos empezando a interpretar?**

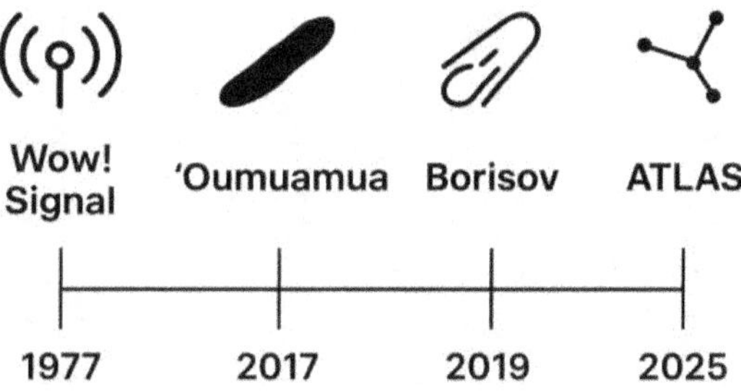

Figura 15. La secuencia, hasta ahora...

Capítulo 3: ¿Estamos siendo evaluados?

Una evaluación está bien... pero nunca nos dieron los apuntes

A estas alturas, las anomalías ya no se sienten como curiosidades aisladas. La pila de anomalías del capítulo anterior nos muestra algo inquietante: estos visitantes no solo difieren en su física. Difieren en sus *funciones*. Uno pondría a prueba nuestra capacidad de escuchar. Otro, nuestra capacidad de rastrear. Otro, nuestra capacidad de distinguir lo natural de lo artificial. Y el más reciente nuestra capacidad de coordinarnos frente a puntos ciegos e incertidumbre. Es como si cada llegada examinara una dimensión distinta de nuestra conciencia.

Este capítulo plantea la pregunta que ahora parece inevitable: ¿y si estos eventos no son aleatorios? ¿Y si forman parte de una progresión deliberada —una prueba escalonada de nuestra madurez observacional, psicológica y colectiva—?

Esto no es una afirmación. Es un experimento mental. Pero es un experimento mental que vale la pena considerar, porque el patrón que vemos refleja la misma lógica de reconocimiento que nosotros mismos empleamos al acercarnos a lo desconocido. Antes del contacto viene la calibración. Antes del diálogo viene la evaluación. Antes de la confianza viene la prueba.

Si alguien —o algo— nos está evaluando, entonces la secuencia de anomalías puede no ser una coincidencia. Puede ser un **protocolo**. Y si eso es cierto, entonces el verdadero sujeto de la prueba no son los objetos en el cielo.

¿Qué tipo de prueba?

Si esto es una prueba, ¿cuál es el objetivo? Pudiese ser:

- **Vigilancia:** catalogar qué civilizaciones notan y cuáles no.

- **Ciencia:** estudiar cómo reaccionan las especies inteligentes ante anomalías.

- **Reconocimiento:** mapear nuestras defensas, nuestra conciencia, nuestros puntos ciegos.

- **Ensayo de contacto:** ver si respondemos, y cómo.

Las pruebas —si es que lo son— implican la posibilidad de un examinador. Si estos visitantes forman parte de un ciclo, entonces alguien —o algo— está observando. No de forma constante, no de manera ruidosa, sino en silencio, mediante sondas que parecen cometas y señales que desaparecen en segundos.

Si uno imagina un escenario de vigilancia, sería sutil más que evidente —no invasión, no contacto, solo observación—. Podría imaginarse —de forma especulativa— un escenario parecido a un censo galáctico. El lector podría preguntarse por qué no se incluye un escenario de invasión activa en la lista anterior. Pero si seguimos la lógica de la intención, ¿por qué alguien recorrería distancias tan vastas y se molestaría en realizar todas estas pruebas si su intención fuera invadir? Los recursos naturales como minerales y agua abundan en el universo. La vida es lo único que podría distinguir a la Tierra de la mayoría de los planetas. Cualquier inteligencia capaz de tales hazañas también tendría la tecnología para aniquilarnos —entonces, ¿para qué molestarse en probar?—

Si esto fuera una prueba, la siguiente pregunta natural sería: **¿qué ocurre si "aprobamos" —o fallamos—?** ¿Seremos ignorados, abordados o evaluados? El ciclo sugiere que el próximo visitante no solo pondrá a prueba nuestra conciencia, sino nuestra **sabiduría**. Y ahí es donde el misterio se vuelve personal. Porque la prueba ya no trata de telescopios o antenas de radio.

Se trata de nosotros

Protocolo de reconocimiento escalonado

Cuando nos preguntamos si la humanidad está siendo puesta a prueba, conviene reconocer que el **reconocimiento escalonado** es algo común en la ciencia, la medicina y la práctica militar. Desde hace mucho tiempo, los seres humanos dependemos de protocolos por etapas para explorar lo desconocido. Cada campo utiliza una lógica similar: comenzar con el riesgo mínimo, escalar solo cuando es necesario y construir paso a paso una comprensión más profunda.

En ciencia, el reconocimiento comienza con estudios amplios. Las misiones planetarias, por ejemplo, rara vez empiezan con módulos de aterrizaje. Comienzan con sobrevuelos para mapear el terreno, luego orbitadores para refinar mediciones y solo más tarde se comprometen con vehículos o misiones de muestreo. Este enfoque escalonado garantiza que se detecten anomalías, se establezcan líneas base y se gestionen riesgos antes de un compromiso más profundo. Es una escalera de conciencia: **explorar → sondear → controlar → escalar**.

En medicina, el mismo principio rige el diagnóstico. Los médicos comienzan con pruebas no invasivas —historia clínica, examen físico, análisis básicos— antes de escalar a estudios de imagen, biopsias o monitoreo invasivo. Cada etapa está diseñada para minimizar el daño y maximizar la información. Los protocolos de cuidados críticos son explícitamente escalonados: se intensifica el monitoreo solo si la condición del paciente lo exige. La medicina trata al cuerpo como un entorno desconocido que debe explorarse con cautela, profundizando solo cuando la evidencia lo justifica.

En el ámbito militar, el reconocimiento escalonado es una doctrina. Los ejércitos comienzan con inteligencia y vigilancia aérea para detectar presencia. Luego escalan a patrullas o sobrevuelos para probar detección y seguimiento. Después viene la observación de referencia —vigilar la actividad rutinaria para distinguir lo normal de lo anómalo—. Finalmente, despliegan sondas cercanas o reconocimiento de contacto, a veces disfrazado o frágil, para poner a prueba la coordinación y la resiliencia. Cada etapa es una escalada calculada, diseñada para revelar conciencia, puntos ciegos y capacidad de respuesta sin comprometerse a fuerza total.

Tomados en conjunto, estos contextos muestran un hilo unificador: **escalada estructurada bajo incertidumbre**. Ya sea al explorar un planeta, diagnosticar a un paciente o mapear a un adversario, los humanos dependemos del reconocimiento escalonado para minimizar riesgos y maximizar información. Cada etapa es una prueba: de conciencia, de escepticismo, de resiliencia, de coordinación, tal como se muestra en la lista siguiente:

Etapa 1: Sonda informativa (probar el entorno)

- **Cuándo lo haríamos:** Antes de comprometer recursos, enviaríamos una señal simple y universal — algo que cualquier especie avanzada podría reconocer (pulsos de radio, destellos láser, ráfagas de neutrinos).

- **Propósito:** Probar si están escuchando. Es la forma más barata y de menor riesgo para evaluar conciencia.

- **Analogía:** Como las señales de sonar antes de entrar en aguas desconocidas — *"¿Están escuchando?"*

Etapa 2: Reconocimiento material (Sonda de sobrevuelo)

- **Cuándo lo haríamos:** Una vez que sabemos que están escuchando, enviaríamos una sonda rápida y difícil de ignorar a través de sus cielos.

- **Propósito:** Probar su capacidad para rastrear y caracterizar anomalías.

- **Analogía:** Aviones de reconocimiento militar sobrevolando una frontera — *"¿Están observando? ¿Pueden seguir el movimiento y medir anomalías?"*

Etapa 3: Muestra de control (Objeto de referencia)

- **Cuándo lo haríamos:** Para evitar confusión, enviaríamos después un objeto "normal" —una sonda tipo o un artefacto de apariencia natural—.

- **Propósito:** Proporcionar una muestra de calibración para que puedan distinguir lo natural de lo diseñado.

- **Analogía:** En ciencia, siempre incluimos un grupo de control. En reconocimiento, probaríamos si pueden separar el ruido de las señales.

Etapa 4: Sonda de despliegue (Objeto de prueba complejo)

- **Cuándo lo haríamos:** Tras confirmar conciencia y escepticismo, escalaríamos. Enviaríamos una sonda frágil y compleja, diseñada para fragmentarse, disfrazarse o reactivarse más tarde.

- **Propósito:** Probar resiliencia, coordinación y capacidad de seguimiento a largo alcance.

- **Analogía:** Un dron furtivo que falla deliberadamente, obligando al objetivo a coordinar múltiples sensores para reconstruir lo ocurrido

¿Por qué se utiliza este protocolo?

- **Gestión del riesgo**: Cada etapa escala lentamente, minimizando la exposición mientras maximiza la obtención de información.

- **Mapeo de capacidades**: Aprenderíamos si la otra civilización tiene oídos (radio), ojos (rastreo), escepticismo (distinguir anomalías) y coordinación (vigilancia multiplataforma).

- **Prueba psicológica**: Al sincronizar ocultamiento y reactivación, sondearíamos no solo su tecnología, sino su toma de decisiones bajo incertidumbre.

- **Resultado estratégico**: Tras cuatro etapas, sabríamos si son cautelosos, curiosos, coordinados o ciegos —sin revelar nunca todas nuestras cartas.

Figura 16. Protocolo de reconocimiento escalonado

Cuando observamos la señal ¡Wow!, 1I/'Oumuamua, 2I/Borisov y 3I/ATLAS desde este ángulo, el parecido es evidente. La secuencia refleja nuestra propia lógica de reconocimiento: un ping simple para probar si escuchamos, una sonda rápida para probar si observamos, una muestra de control para calibrar nuestro escepticismo y un cuerpo frágil y complejo para probar nuestra coordinación. Si estos eventos fueran deliberados, seguirían el mismo protocolo que nosotros mismos diseñaríamos antes de acercarnos a otra civilización. Lo que plantea la inquietante posibilidad de que este patrón pueda parecerse a una prueba (especulativamente hablando).

Figura 17. ¿Seguiría un examinador las mismas estrategias que nosotros usaríamos para poner a prueba a otros?

Paralelos históricos

A lo largo de la historia, las civilizaciones poderosas han puesto a prueba a otras de forma escalonada antes de establecer un compromiso más profundo:

- **Era de la Exploración (siglos XV–XVII):** Los barcos europeos solían permanecer cerca de la costa antes de desembarcar, enviando señales o emisarios para evaluar la conciencia local. Los primeros encuentros eran sondas informativas —banderas, campanas o disparos de cañón— que probaban si las sociedades costeras notaban su presencia.

- **Contacto colonial:** Los comerciantes introducían "muestras de control" de bienes (cuentas, textiles, herramientas de hierro) para observar cómo reaccionaban los pobladores antes de escalar hacia el asentamiento. Estas muestras servían como línea base frente a las anomalías (armas, barcos, enfermedades) que destacaban por contraste.

- **Reconocimiento durante la Guerra Fría:** Las superpotencias utilizaron vigilancia escalonada —satélites para probar los "oídos", aviones espía para probar los "ojos" e incidentes controlados (como la aparición de submarinos en superficie) para evaluar la coordinación. Cada paso aumentaba la conciencia sin provocar conflicto directo.

Estos paralelos muestran que el **reconocimiento escalonado es un instinto humano**: exploramos con cautela, escalamos de forma deliberada y medimos las respuestas antes de comprometernos.

Figura 18. Usos comunes del reconocimiento escalonado

Reflexiones filosóficas

La simetría inquietante es que las pruebas que sospechamos son exactamente las pruebas que nosotros mismos diseñaríamos. Esto plantea preguntas más profundas:

- **Pruebas de espejo:** Si estamos siendo evaluados, el protocolo refleja nuestros propios métodos para explorar lo desconocido. El universo podría estar sosteniendo un espejo, mostrándonos lo predecible que es nuestra lógica.

- **Conciencia vs. sabiduría:** La conciencia es fácil de medir —telescopios, radiotelescopios, seguimiento orbital—. La sabiduría es más difícil. ¿Respondemos con curiosidad o con miedo? ¿Interpretamos las anomalías con una mente abierta o las descartamos como ruido?

- **La ética en las pruebas:** En medicina, el reconocimiento se justifica por el cuidado. En lo militar, por la supervivencia. En la ciencia, por la curiosidad. Pero si otra inteligencia nos está evaluando, ¿cuál es su justificación? ¿Catalogación? ¿Vigilancia? ¿Un censo galáctico? ¿O algo más evaluativo?

Filosóficamente, estas pruebas nos obligan a confrontar no solo nuestros instrumentos, sino nuestros valores. ¿Qué significa "aprobar" o "fallar" una prueba cósmica?

Si —hipotéticamente— esta fuera una serie de eventos enlazados diseñados para evaluar nuestras reacciones, así podría resumirse ese escenario:

Etapa 1: Sonda informativa (1977, señal ¡Wow!)

- **Evento:** Emisión de banda estrecha en la línea del hidrógeno detectada por el radiotelescopio Big Ear de la Universidad Estatal de Ohio. Una señal simple y elegante: breve, potente y afinada con precisión a una frecuencia que cualquier civilización avanzada reconocería.
- **Función (en un escenario especulativo):** Probar si la Tierra esta "escuchando": ¿podemos detectar y reconocer un faro deliberadamente simple?
- **Resultado:** La notamos, pero nunca respondimos. La señal se volvió famosa, pero siguió siendo un misterio.

- **Implicación:** Si fue deliberada, los emisores ahora saben que tenemos radioastronomía, pero también que somos cautelosos o silenciosos.

2: Reconocimiento material (2017, 1I/'Oumuamua)

- **Evento:** Primer objeto interestelar detectado: morfología alargada y fragmentaria, aceleraciones inexplicadas. Su brillo variando de forma extrema, sugiriendo un movimiento de tumbos. Su trayectoria hiperbólica confirmó su origen extrasolar.

- **Función:** Probar si la Tierra esta "observando": ¿podemos rastrear y caracterizar un cuerpo rápido y anómalo?

- **Resultado:** Lo notamos y movilizamos telescopios en todo el mundo, pero los datos fueron limitados. Su forma y su movimiento siguen sin explicación.

- **Implicación:** Los emisores sabrían que podemos detectar artefactos interestelares, pero que nuestro ritmo de observación deja huecos.

Etapa 3: Muestra de control (2019, 2I/Borisov)

- **Evento:** El segundo objeto interestelar se comportó como un cometa de libro de texto: rico en volátiles, predecible y familiar.

- **Función (si se interpreta bajo esta lente):** Proporcionar un visitante natural "de referencia" para contrastar con anomalías potencialmente diseñadas. Una prueba enfocada a mostrar cómo luce lo normal, para que las anomalías del siguiente visitante destaquen.

- **Resultado:** Lo estudiamos a fondo, confirmando nuestra capacidad para caracterizar cometas interestelares naturales.

- **Implicación:** Los emisores sabrían que podemos distinguir lo "normal" de lo "anómalo": una prueba de calibración.

Etapa 4: Sonda de despliegue (2025, 3I/ATLAS)

- **Evento:** Mostró composición química y emisiones extrañas, aceleración no gravitacional. Su trayectoria podría interpretarse como inusualmente bien alineada —casi calculada— con el plano orbital planetario y el campo gravitacional de Júpiter.

- **Función:** Probar si la Tierra puede estudiar un cuerpo frágil y de apariencia natural que podría ocultar una estructura más profunda, pasando cerca del sol en el peor momento para evitar observarla.

- **Resultado:** Lo notamos y recuperamos datos parciales. Se capturaron imágenes, espectroscopía, se refino el cálculo de su trayectoria. Aún seguimos monitoreándolo de cerca con toda la tecnología disponible.

- **Implicación:** Los emisores sabrían que podemos coordinar la vigilancia, pero que aún tenemos puntos ciegos. Su rumbo hacia Júpiter podría ser una prueba de encuentro o seguimiento; la liberación de sondas menores cerca de la Tierra u otros planetas sigue siendo una posibilidad.

Etapas futuras (especulativas)

Si el ciclo continúa, la Etapa 5 y consecuentes podrían explorar dimensiones más allá de la simple conciencia:

Etapa 5: Sonda de sabiduría

- **Evento:** Un visitante que codifique datos culturales o éticos —quizá una señal que contenga historias, matemáticas o dilemas morales.
- **Función:** Probar si la Tierra puede interpretar no solo anomalías, sino significado.
- **Resultado:** Nuestra respuesta revelaría si estamos preparados para el diálogo, no solo para la detección.
- **Implicación:** Aprobar significaría demostrar honestidad intelectual y capacidad interpretativa; fallar implicaría ser catalogados como no preparados.

Etapa 6: Sonda de la biosfera

- **Evento:** Una sonda que interactúe con la atmósfera o la biología terrestre de manera sutil —quizá sembrando microbios o evaluando la resiliencia planetaria.
- **Función:** Medir cómo monitoreamos y protegemos nuestra biosfera.
- **Implicación:** Una prueba de administración responsable, no solo de conciencia.

Etapa 7: Ensayo de contacto

- **Evento:** Una señal o artefacto que obligue a tomar una decisión: responder o permanecer en silencio.

- **Función:** Probar nuestra capacidad de decisión colectiva bajo presión.
- **Implicación:** Revela si la humanidad puede actuar como una sola civilización o si se fractura ante el estrés.

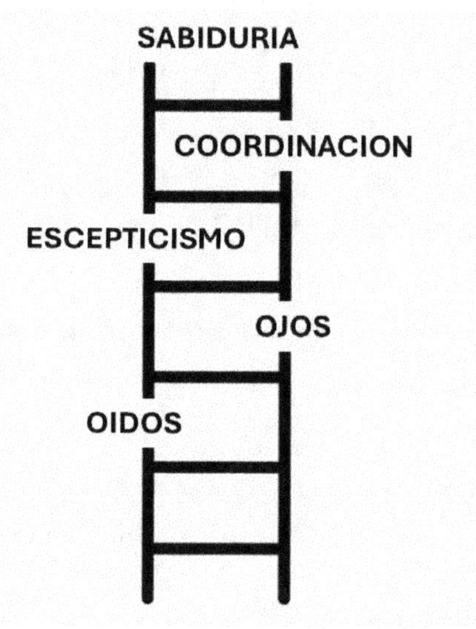

Figura 19. ¿Es el objetivo final evaluar nuestra sabiduría?

¿Por qué querrían ponernos a prueba?

La mayor pregunta de todas es por qué. ¿Qué propósito tendría enviar señales, fragmentos, cometas y esferas a través del vacío solo para evaluar nuestra conciencia? Los motivos están en las sombras.

Hay varias posibilidades, cada una inquietante a su manera:

- **Vigilancia:** Imagina un censo galáctico. Las civilizaciones son catalogadas, su conciencia evaluada, sus reacciones anotadas. No para invadir, no para contactar, sino simplemente para registrar: esta especie oye, ve, compara, reacciona.

- **Ciencia:** Quizá formamos parte de un experimento. Así como estudiamos animales en estado salvaje, tal vez alguien nos estudia a nosotros —observando cómo respondemos a las anomalías, cómo publicamos datos, cómo discutimos entre nosotros—.

- **Reconocimiento:** Otra posibilidad es estratégica. Si quedan sondas atrás, podrían estar mapeando nuestros recursos, nuestras defensas, nuestros puntos ciegos. No para atacar, sino para saber. El conocimiento es poder, incluso entre las estrellas.

- **Ensayo de contacto:** O quizá esto es una práctica. Un ensayo para una comunicación futura. Primero una señal, luego un fragmento, luego un control, luego un despliegue. Cada paso más cerca de ver cómo manejamos lo desconocido.

Lo que hace que estos motivos especulativos resulten tan intrigantes es que reflejan nuestro propio comportamiento. Cuando enviamos sondas a Marte o a Europa, no nos anunciamos ante los (posibles) microbios. Observamos en silencio, medimos con cuidado y probamos el entorno antes de decidir qué hacer después. Si actuamos así con formas de vida más pequeñas, ¿por qué una civilización más avanzada no actuaría así con nosotros?

Notemos lo que está ausente: no hay mensajes, no hay saludos, no hay declaraciones. Solo silencio. El silencio es más seguro. El silencio permite que los observadores aprendan sin revelarse. Y el silencio nos obliga a luchar con el misterio por nuestra cuenta.

Si realmente estamos siendo puestos a prueba, entonces la siguiente pregunta ya no trata de ellos, sino de nosotros. Porque las pruebas revelan al sujeto, no al examinador. Si una inteligencia está observando, cada anomalía se convierte en un espejo sostenido ante nuestra especie. Nuestro miedo, nuestra curiosidad, nuestro escepticismo, nuestra coordinación, nuestra agresión: esas son las variables que se están midiendo.

El silencio que tanto nos inquieta puede no ser indiferencia, sino evaluación. Y si ese es el caso, el verdadero misterio no es lo que están haciendo los observadores, **sino lo que están aprendiendo**. Para entender la prueba, **debemos entender lo que les estamos mostrando.**

Hacia allá nos dirigimos ahora.

Capítulo 4: ¿Qué es lo que observarían?

Ojalá nos hubieran avisado para ordenar la casa.

Tomemos un momento para dar un paso atrás. Imagina la Tierra desde muy lejos: un punto azul orbitando una estrella amarilla, escondido en un brazo espiral de la Vía Láctea. Para nosotros, se siente vasta y llena de misterio. Pero para alguien que observe desde la distancia, podría parecer pequeña, frágil y efímera. Y si el ciclo de visitantes fuera real entonces ya seríamos parte de algo más grande. Podríamos haber sido notados, catalogados, evaluados. No atacados, no contactados, solo observados.

Eso, por sí solo, cambia cómo nos vemos a nosotros mismos. Ser catalogados significa que ya no somos invisibles. Nuestra civilización habría cruzado un umbral: somos lo suficientemente ruidosos, brillantes y conscientes como para merecer ser registrados. No es una amenaza, es un hito. Significaría que hemos entrado en la lista de especies que importan —al menos para alguien, en algún lugar—. Porque si los observadores fuesen reales, entonces la siguiente fase de la prueba no trataría de astronomía, sino de psicología.

Con la visibilidad llega la responsabilidad. Si estamos siendo observados, entonces nuestro comportamiento forma parte de los datos. Nuestras reacciones, nuestra coordinación, nuestra madurez: todo se convierte en parte del registro. Si este es el caso, la pregunta real no es solo qué vemos en el cielo, sino cómo actuamos en la Tierra.

La historia muestra que cuando los humanos se dan cuenta de que están siendo observados —por la naturaleza, por otras civilizaciones o entre ellos mismos— nuestras respuestas siguen patrones reconocibles. Estos instintos revelan no solo nuestros miedos y esperanzas, sino también nuestra madurez como especie.

Figura 20. Un observador externo vería no solo nuestras tecnologías, sino nuestros instintos conductuales. El miedo, la curiosidad, el escepticismo, la coordinación y la agresión forman los ejes centrales de la respuesta humana ante lo desconocido. Cada instinto conlleva fortalezas y vulnerabilidades, y juntos crean el perfil psicológico que proyectamos al cosmos

En este contexto, cada anomalía se convierte en una especie de espejo psicológico —una forma de revelar quiénes somos bajo presión—. Miedo, curiosidad, escepticismo, coordinación, agresión: no son reacciones aleatorias. Son las pautas conductuales fundamentales de nuestra especie, los patrones que destacarían con mayor claridad para cualquier inteligencia que nos observe desde lejos. Y así como los biólogos clasifican el comportamiento animal en rasgos medibles, nosotros podemos hacer lo mismo con nosotros.

Para entender qué aprendería un observador externo a partir de nuestras respuestas, necesitamos un marco simple —un conjunto de ejes que capture nuestras fortalezas, vulnerabilidades y las señales que proyectamos al cosmos—. Lo que sigue no es un juicio, sino un mapa: una forma de vernos como otros lo harían.

Instinto 1: Miedo y creación de mitos

El primer instinto humano suele ser el miedo. Las luces desconocidas en el cielo han sido interpretadas durante milenios como presagios. Las civilizaciones antiguas veían los cometas como heraldos de desastre, los eclipses como señales de ira divina y las anomalías repentinas como augurios de guerra. El miedo es una reacción natural ante la incertidumbre: nos protege al prepararnos para el peligro. Pero el miedo también nubla el juicio. Puede convertir un evento neutral en una amenaza percibida.

La sociedad moderna no es inmune a la creación de mitos. Los rumores se propagan con rapidez, amplificados por los medios y las redes sociales. Una señal o un objeto extraño puede desencadenar especulaciones que van desde invasiones extraterrestres hasta conspiraciones gubernamentales. Los observadores —si existen— notarían esta tendencia. Verían que la humanidad suele interpretar las anomalías a través del lente del miedo antes de que la curiosidad tenga tiempo de actuar.

En la era moderna, el miedo ya no se difunde mediante presagios o rumores de aldea: se difunde a través de las redes sociales. Las redes sociales pueden ser tanto una bendición como una maldición para la ciencia. Por un lado, ofrecen a los científicos nuevas vías para expandir sus ideas (acceso a la información) y comunicarse con el público (por ejemplo, el canal *StarTalk* de Neil deGrasse Tyson tiene casi 3.6 millones de seguidores solo en Facebook). Sin embargo, las redes sociales están diseñadas para maximizar la participación, premiando la velocidad, la emoción y la simplicidad. Un titular dramático, una foto borrosa o una afirmación especulativa pueden recorrer el mundo en minutos. Para cuando los científicos publican análisis cuidadosos, la narrativa no científica ya ha moldeado la imaginación pública. Esto crea una asimetría peligrosa:

- **Velocidad vs. Veracidad:** La desinformación viaja más rápido porque es simple, emocional y fácil de compartir. Los análisis científicos viajan más lento porque requieren datos, revisión por pares y lenguaje cauteloso.
- **Emoción vs. Evidencia:** Las publicaciones basadas en el miedo generan reacciones intensas —indignación, ansiedad, excitación— que

impulsan clics y compartidos. Las publicaciones basadas en evidencia suelen usar lenguaje técnico, gráficos o matices, que resultan menos atractivos para el público general.

- **Viralización vs. Verificación:** Los algoritmos amplifican contenido que se difunde rápido, sin importar su veracidad. La verificación toma tiempo, y las correcciones rara vez alcanzan a la misma audiencia que la afirmación original.

Las anomalías científicas, sean ordinarias o extraordinarias, se transforman rápidamente en mitos culturales porque las narrativas sensacionalistas se propagan mucho más rápido que las explicaciones cuidadosas. Cuando apareció 1I/'Oumuamua, sus anomalías no resueltas crearon un vacío perfecto para la especulación. Cuando esto sucede, los científicos rápidamente piden cautela y ofrecen explicaciones naturales incompletas, pero esa misma cautela frustra a muchos fuera del ámbito académico. Para los no expertos, la ausencia de respuestas definitivas se siente como evasión, convirtiendo la incertidumbre científica en una percepción de ocultamiento y acelera la desconfianza. Como resultado, las narrativas virales llenan el vacío mucho antes de que los artículos revisados pudieran ponerse al día.

Para cuando llegó 3I/ATLAS, el ecosistema de especulación ya estaba completamente preparado y la situación se repitió. Los científicos publicaron apenas unos cuantos estudios, mientras millones de publicaciones, videos y memes moldeaban la narrativa pública. El discurso científico es cauteloso, incremental y a menudo opaco, mientras que las narrativas públicas prosperan con la inmediatez, la certeza y el dramatismo. El resultado es una brecha cada vez mayor en la que la prudencia científica se interpreta como desdén, y el ritmo lento de la comunicación basada en evidencia termina alimentando, sin quererlo, los mismos mitos que intenta corregir.

¿Por qué es importante?

Esta dinámica explica por qué los observadores —si realmente existieran— podrían preferir ponernos a prueba antes de contactarnos directamente. Un mensaje abierto corre el riesgo de desencadenar pánico, confusión o una ola de mitificación imposible de controlar. En cambio, las anomalías ambiguas les permitirían observar nuestras reacciones con seguridad. ¿Entramos en pánico? ¿Inventamos leyendas? ¿Nos fracturamos en desconfianza? ¿O logramos equilibrar escepticismo e imaginación? Al ver cómo respondemos a la incertidumbre, podrían evaluar si la humanidad es capaz de madurez antes de arriesgar un diálogo.

En una interpretación más oscura, posibles amenazas podrían explotar esta misma vulnerabilidad. El miedo y la creación de mitos pueden funcionar como herramientas de guerra psicológica. Al liberar anomalías que parecen amenazantes, pero permanecen sin explicación, podrían provocar paranoia, teorías conspirativas y desconfianza hacia las instituciones. Los gobiernos podrían ser acusados de ocultar la verdad. Se perdería la confianza en la comunidad científica. El discurso público podría fragmentarse en narrativas enfrentadas. No haría falta disparar un arma; la desestabilización surgiría desde dentro, alimentada por nuestras propias historias. En ese escenario, el miedo se convierte en el campo de batalla, y nuestra imaginación en el arma vuelta contra nosotros.

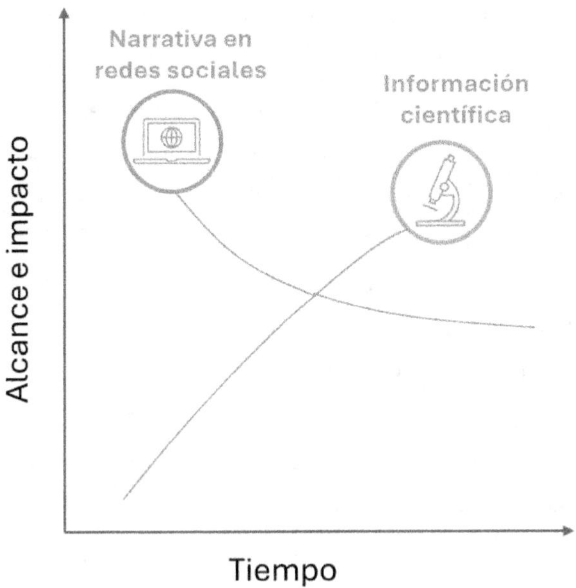

Figura 21. Esta figura contrasta la velocidad y el alcance de las narrativas en redes sociales frente al análisis científico. La curva naranja muestra cómo el contenido emocional y basado en mitos se dispara rápidamente, dominando a menudo el discurso público antes de que surjan las explicaciones científicas. La curva azul muestra el ascenso más lento y cauteloso del análisis basado en evidencia. Con el tiempo, ambas narrativas terminan convergiendo en una sola.

Instinto 2: Curiosidad y exploración

El segundo instinto es la curiosidad. Los seres humanos somos exploradores por naturaleza. Una vez que el miedo disminuye y el escepticismo encuentra equilibrio, surge el impulso de mirar más allá: medir, comparar, clasificar, explicar. Esta inclinación no es un lujo moderno, sino una fuerza que ha moldeado nuestra historia desde sus orígenes.

Civilizaciones separadas por océanos y milenios desarrollaron, de manera independiente, matemáticas avanzadas, calendarios astronómicos y modelos del cielo. Los **sumerios** inventaron sistemas numéricos y registraron los movimientos planetarios con una precisión que aún sorprende. Los **egipcios** alinearon templos y pirámides con estrellas y solsticios, integrando arquitectura y cosmología en un mismo acto de observación. Los **mayas** construyeron calendarios de una exactitud extraordinaria, capaces de predecir eclipses sin telescopios ni instrumentos modernos. En **China**, astrónomos imperiales catalogaron cometas, novas y manchas solares durante siglos. En la **India**, matemáticos desarrollaron técnicas trigonométricas que luego influirían al mundo entero.

Ninguna de estas culturas se conocía entre sí, pero todas compartían el mismo impulso: **mirar el cielo, buscar patrones y tratar de entenderlos**. La curiosidad es un lenguaje universal de nuestra especie.

Este rasgo ha sido una ventaja decisiva. Nos permitió navegar océanos, domesticar el fuego, inventar la escritura, descifrar los ciclos de las estaciones y, más tarde, construir telescopios, aceleradores de partículas y sondas interplanetarias. La curiosidad es la raíz de la ciencia, pero también de la tecnología, el arte y la filosofía. Es la fuerza que nos empuja a preguntar "¿por qué?" y "¿qué hay más allá?".

Pero la curiosidad también tiene un lado más complejo. A veces nos ha llevado a conflictos, rivalidades y tensiones. La búsqueda de conocimiento ha impulsado exploraciones que terminaron en conquistas; ha motivado avances que luego se usaron como armas; ha generado disputas religiosas, políticas y culturales cuando nuevas ideas chocaron con creencias establecidas. La curiosidad abre puertas, pero también puede desestabilizar lo que damos por sentado.

Aun así, sigue siendo uno de nuestros rasgos más definitorios. Somos una especie que no puede evitar mirar, medir, investigar. La curiosidad es nuestra brújula más antigua y, al mismo tiempo, una fuente constante de descubrimiento y de riesgo.

¿Por qué es importante?

La curiosidad es una de nuestras mayores fortalezas, pero en un escenario de evaluación también podría convertirse en una puerta abierta. Un observador hipotético podría explotar esta particularidad fácilmente. Le bastaría con presentarnos anomalías lo suficientemente intrigantes como para captar nuestra atención, pero no suficientemente claras como para revelar intención: objetos que parecen naturales, pero no del todo; trayectorias que casi encajan en modelos conocidos, pero dejan un margen de duda; señales que podrían ser ruido... o algo más.

Ante la ambigüedad, nuestra reacción es automática. Investigamos, modelamos, debatimos. Desplegamos telescopios, sondas, artículos, simulaciones. Nuestra curiosidad se vuelve un comportamiento estable, casi programado, y como todo comportamiento predecible, también se vuelve una vulnerabilidad. Un observador externo sabría que siempre miraremos, siempre analizaremos, siempre intentaremos descifrar el mensaje, incluso si no hay mensaje alguno.

Una amenaza más estratégica podría usar la curiosidad como distracción. Al introducir anomalías ambiguas en nuestro espacio de observación, podría desviar recursos científicos, atención pública y enfoque institucional hacia el misterio. Perseguiríamos el enigma mientras perdemos de vista el contexto más amplio. La curiosidad se convierte en un señuelo: cuanto más desconcertante la anomalía, más intensamente la perseguimos, a menudo a costa de nuestra atención situacional.

Esto también explica por qué una prueba podría preceder al contacto. Una señal clara y directa corre el riesgo de provocar pánico, mitificación o inestabilidad geopolítica. Las anomalías ambiguas, en cambio, permiten observar cómo manejamos la incertidumbre. ¿Investigamos con rigor? ¿Saltamos a conclusiones? ¿Nos fracturamos en conspiraciones y negación? La curiosidad se vuelve el indicador: una medida de si podemos enfrentar lo desconocido con disciplina en lugar de caos.

Si los observadores fueran hostiles u oportunistas, podrían usar la curiosidad para manipularnos. Al presentar anomalías que parecen contener patrones o mensajes ocultos, podrían orientar nuestras interpretaciones o incluso influir en nuestras prioridades tecnológicas. La curiosidad se convierte en la palanca con la que nuestras creencias y temores pueden ser guiados.

Si esto fuera una prueba deliberada, tal vez no se trate de las anomalías en sí, sino de nuestra respuesta a ellas. ¿Podemos investigar sin ser manipulados? ¿Podemos mantener la curiosidad sin volvernos imprudentes? ¿Podemos buscar conocimiento sin perder perspectiva? La curiosidad revela nuestra madurez intelectual —o su ausencia— y probarla antes del contacto permitiría evaluar si somos capaces de relacionarnos con lo desconocido de manera responsable.

Instinto 3: Escepticismo y negación

El tercer instinto es el escepticismo. Los seres humanos somos expertos en descartar anomalías como coincidencias, errores o ilusiones. Esto es una fortaleza: nos impide saltar a conclusiones precipitadas. Pero también puede ser una debilidad. El escepticismo puede convertirse en negación, cegándonos ante señales genuinas. La historia está llena de momentos en los que el escepticismo, llevado demasiado lejos, frenó el progreso científico. Consideremos algunos ejemplos:

Meteoritos: Durante siglos, la comunidad científica rechazó la idea de que rocas pudieran caer del cielo. Los eruditos insistían en que tales afirmaciones eran "supersticiones campesinas. Los museos incluso retiraron sus supuestos meteoritos, declarándolos curiosidades geológicas o fraudes. El punto de inflexión llegó en 1803, cuando una lluvia masiva de meteoritos sobre L'Aigle, Francia, fue presenciada por miles de personas. Solo después de que la Academia Francesa envió al físico Jean-Baptiste Biot a investigar y documentar cientos de piedras incrustadas en el suelo, la comunidad científica aceptó a regañadientes que los meteoritos eran reales. **El escepticismo excesivo retrasó el nacimiento de la ciencia planetaria durante siglos.**

Deriva continental: Cuando Alfred Wegener propuso en 1912 que los continentes se mueven, la idea fue ridiculizada.

Los geólogos lo descartaron por ser un "intruso" (era meteorólogo), y los libros de texto calificaron la deriva continental como una "fantasía". La objeción principal era la falta de un mecanismo, pero en lugar de explorar la idea, la comunidad simplemente la rechazó. Solo en la década de 1960, con el descubrimiento de la expansión del fondo oceánico y la tectónica de placas, la teoría de Wegener se volvió fundamental. **Medio siglo de progreso se perdió porque el escepticismo se endureció hasta convertirse en dogma.** Antes de que la deriva continental fuera aceptada, los biólogos inventaron explicaciones elaboradas para justificar la presencia de especies idénticas en continentes hoy separados por océanos. Rechazaron la idea de la deriva continental porque los geólogos la rechazaban. **El escepticismo en un campo paralizó el avance en otro.**

Teoría de gérmenes: Antes de Pasteur y Koch, la idea de que organismos invisibles causaban enfermedades se consideraba absurda. La creencia dominante era la teoría miasmática: que el "mal aire" provocaba la enfermedad. Cuando Ignaz Semmelweis demostró en la década de 1840 que el lavado de manos reducía drásticamente las muertes maternas en los hospitales, sus colegas rechazaron la idea porque implicaba que los propios médicos eran responsables de propagar infecciones. Semmelweis fue ridiculizado, marginado y finalmente institucionalizado. Solo décadas después la teoría germinal lo vindicó. **Lo que se presentó como cautela científica se convirtió en negación institucional, prolongando prácticas que mataron a miles.**

Rayos de esfera: Los informes de esferas luminosas flotando durante tormentas se remontan a la antigua China y a la Europa medieval. Marineros, pilotos y agricultores describieron el mismo fenómeno, pero los científicos lo descartaron como alucinaciones o exageraciones. Solo a finales del siglo XX y principios del XXI las cámaras de alta velocidad y los sensores atmosféricos captaron evidencia creíble. Un fenómeno atmosférico real fue ignorado durante siglos porque no encajaba en los modelos existentes. **Lo que los científicos llamaron "folclore" resultó ser física. El escepticismo no evitó el error; lo creó**.

Calentamiento global: En la ciencia climática moderna, la conclusión general de que el planeta se está calentando cuenta con abundante evidencia. Sin embargo, alrededor de ese hallazgo central, la cultura de este campo de investigación se ha vuelto cada vez más renuente a ideas que introducen matices o complican la narrativa dominante. Los estudios que exploran mecanismos alternativos, que enfatizan incertidumbres o ajustan las estimaciones de la influencia humana suelen enfrentar barreras más estrictas en la revisión, financiamiento limitado o riesgos reputacionales para sus autores. El costo social de plantear ciertas preguntas puede ser lo suficientemente alto como para disuadir la investigación. Como resultado, algunas líneas de trabajo se desalientan no por los datos, sino por la presión social. **Cuando el escepticismo se vuelve socialmente costoso, el ecosistema científico pierde su capacidad de autocorrección.**

El escepticismo es esencial para la ciencia. Exige evidencia, replicación y rigor. Pero tiene un gemelo peligroso: el dogma. Y la transición de uno al otro puede ocurrir en silencio. La línea se cruza no cuando pedimos mejores datos, sino cuando dejamos de estar dispuestos a verlos. El escepticismo es una herramienta; el dogma es una trampa. Uno mantiene a la ciencia honesta; el otro la mantiene estancada.

Tabla 4. como diferenciar el escepticismo saludable del dogmatismo

Escepticismo saludable	Dogmatismo
Busca evidencia razonable para apoyar o cuestionar afirmaciones	Exige pruebas infinitas; ninguna evidencia es suficiente
Examina anomalías e investiga contradicciones	Descarta contradicciones de forma instintiva como ruido, error o coincidencia
Prioriza la verdad sobre la teoría — dispuesto a revisar modelos	Protege la teoría a toda costa, incluso cuando oscurece la realidad
Se basa en el argumento y la evidencia	Se remite a la autoridad — "los expertos lo dicen" reemplaza el razonamiento
Fomenta la investigación abierta, incluso bajo presión	Intimidación social o profesional. Los investigadores temen el ridículo, el daño a su carrera o represalias institucionales
Considera la curiosidad como esencial para el progreso	Trata la curiosidad como desestabilizadora, una amenaza para el consenso
Toma en cuenta el costo de equivocarse — curas perdidas, avances retrasados	Ignora las consecuencias del error o la inacción, minimizando el daño

Aquí, debemos tener cuidado de no convertir al escepticismo en el villano, no lo es. De hecho, la historia ofrece momentos dramáticos en los que el escepticismo salvó a la ciencia de avanzar a toda velocidad por el camino equivocado:

Fusión fría (1989). Dos químicos anunciaron que habían logrado fusión nuclear a temperatura ambiente. Los gobiernos se preparaban para redirigir miles de millones. Los medios proclamaron que la crisis energética había terminado. Pero los físicos escépticos exigieron replicación —y la replicación falló. **El escepticismo evitó una desviación mundial de fondos científicos y décadas de esfuerzo desperdiciado.**

Neutrinos más rápidos que la luz (2011). Las mediciones iniciales sugerían que los neutrinos superaban la velocidad de la luz. De ser cierto, todo el marco teórico de Einstein colapsaría. Los escépticos insistieron en revisar el equipo. El culpable: un cable de fibra óptica suelto. **El escepticismo evitó que la física reescribiera las leyes del universo por culpa de un mal conector.**

La "Cara en Marte" (1976–2001). Una imagen del orbitador Viking mostraba una meseta en Cydonia que parecía un rostro humano. La imaginación pública explotó: civilizaciones antiguas, ciudades perdidas, arquitectos extraterrestres. Pero los científicos planetarios exigieron imágenes de mayor resolución. Cuando llegaron las cámaras del Mars Global Surveyor y, más tarde, del Mars Reconnaissance Orbiter, el "rostro" se desvaneció en una colina erosionada. **El escepticismo evitó que se construyera toda una mitología sobre un simple juego de luz y sombra.**

El desastre antiarrítmico (años 1980). Se creía que ciertos fármacos (encainida, flecainida) prevenían la muerte súbita tras un infarto. Los primeros estudios observacionales parecían prometedores. Pero cuando se realizó la primer prueba ciega doble controlada con placebo (**ni los participantes ni los investigadores sabían quién recibía el tratamiento real, evitando que las expectativas influyeran en los resultados**), los hallazgos fueron impactantes: **los fármacos aumentaban la mortalidad.** Decenas de miles de pacientes probablemente habían sido perjudicados antes de que el ensayo revelara la verdad. **Es uno de los ejemplos más dramáticos en la historia de la medicina de por qué las pruebas ciegas, los controles y el escepticismo no son solo formalidades académicas: salvan vidas.**

Al final, el escepticismo nos mantiene honestos, mientras que el dogma nos mantiene ciegos —una distinción que quizá importe más de lo que creemos si consideramos la posibilidad de un observador hipotético mirando.

Figura 22. El escepticismo científico exige evidencia extraordinaria — una protección vital contra el error. Pero esa misma cautela puede endurecerse en negación. La hostilidad puede reemplazar a la investigación, y las anomalías genuinas pueden ser descartadas no porque estén refutadas, sino porque resultan desconocidas o inquietantes.

¿Por qué es importante?

El escepticismo es el escudo de la humanidad contra el engaño, pero también puede convertirse en una debilidad. Si existen observadores externos, notarían rápidamente que nuestras instituciones científicas tienden a negar cualquier anomalía y etiquetarla como coincidencia. Este reflejo protege la credibilidad, pero también genera puntos ciegos. Un adversario inteligente podría explotarlos mediante fenómenos ambiguos: eventos que parecen naturales, pero contienen marcas sutiles de intención. Sabiendo que los científicos los descartarán como coincidencia o ruido, los observadores podrían evaluar nuestro nivel de atención sin exponerse. En ese sentido, nuestro escepticismo se convierte en el camuflaje perfecto para su reconocimiento.

Esta dinámica podría explicar por qué el "examen" precedería al contacto. Una comunicación directa implica riesgos: pánico, mitificación, interpretaciones erróneas. En cambio, las anomalías ambiguas —una señal de banda estrecha, un objeto con una aceleración imposible, un cometa siguiendo una trayectoria sospechosamente precisa— permiten observar nuestras reacciones. ¿Nos damos cuenta? ¿Negamos? ¿Discutimos? ¿Nos fragmentamos en conspiraciones y desconfianza? Al apoyarse en nuestro impulso de explicar todo como ruido, podrían evaluar si distinguimos señal de fondo o si la negación nos impide ver patrones deliberados. Probar nuestra respuesta mediante ambigüedades es más seguro que revelarse abiertamente.

Amenazas potenciales incluso podrían convertir el escepticismo en un arma psicológica. Al sembrar anomalías siempre lo bastante explicables por causas naturales, garantizan que los expertos las descarten mientras el público genera mitos. Esto fractura nuestro paisaje epistemológico: los científicos piden cautela, mientras la sociedad se inclina hacia la especulación. Los observadores no necesitarían atacarnos; bastaría con explotar nuestras propias fisuras interpretativas. El escepticismo, diseñado para protegernos, se convierte en la palanca que nos divide.

Si esto es deliberado, entonces la verdadera prueba no tiene que ver con telescopios ni instrumentos, sino con comportamiento. ¿Puede la humanidad equilibrar escepticismo y apertura? ¿Podemos admitir incertidumbre sin caer en la negación? ¿Podemos reconocer patrones sin hundirnos en la paranoia? Los observadores explotarían nuestro escepticismo precisamente porque revela nuestra madurez —o su ausencia. Poner a prueba primero, en lugar de contactar, les permitiría juzgar si estamos preparados para un diálogo o si nuestros propios reflejos nos vuelven incapaces de sostenerlo

Instinto 4: Coordinación vs. fragmentación

El siguiente instinto es la coordinación. Generalmente se piensa que la inteligencia es lo que ha llevado a los humanos a la cima de la cadena alimenticia. Aunque esto es parcialmente cierto, este argumento pasa por alto un rasgo fundamental: **los humanos somos más fuertes cuando trabajamos juntos.**

Arroja a una sola persona a la selva sin armas y fácilmente se convertirá en presa. Arroja a cuatro personas a la selva sin armas y pueden convertirse en máximos depredadores. Claro, uno podría argumentar que la inteligencia individual sería el factor decisivo entre ser depredador o presa. Pero incluso si repitiéramos este experimento mental miles de veces, los resultados serían similares: los grupos tienen más probabilidades no solo de sobrevivir, sino de prosperar.

La coordinación es nuestro comportamiento colectivo más poderoso. Cuando enfrentamos una anomalía —una señal extraña, un objeto interestelar o un evento inexplicado— la humanidad puede elevarse a su mejor versión. La coordinación aparece cuando los científicos comparten datos abiertamente, cuando los observatorios sincronizan sus observaciones, cuando las naciones colaboran en lugar de competir y cuando el público responde con curiosidad en lugar de pánico. Los momentos de coordinación revelan una civilización capaz de actuar como un solo organismo. La rápida respuesta global al descubrimiento de 1I/'Oumuamua, el seguimiento multiobservatorio de 2I/Borisov y las redes internacionales de telescopios movilizadas para 3I/ATLAS muestran que *la humanidad puede coordinarse* a gran escala cuando aparece lo desconocido.

La coordinación es una señal de madurez: demuestra que podemos manejar la ambigüedad sin fracturarnos, que podemos reunir inteligencia en lugar de dispersarla y que podemos tratar las anomalías como rompecabezas compartidos en lugar de activos geopolíticos.

Pero la coordinación no es nuestro estado natural, la fragmentación sí lo es. Ante la incertidumbre, los humanos suelen dividirse en narrativas, instituciones y agendas en competencia. Los científicos debaten interpretaciones. Los gobiernos reservan información. Las redes sociales se fragmentan en tribus de creyentes, escépticos y conspiracionistas. En lugar de converger hacia una comprensión compartida, divergemos hacia realidades paralelas.

La fragmentación se amplifica con el miedo, la creación de mitos y el escepticismo. Cada anomalía se convierte en un campo de batalla: algunos insisten en que es natural, otros en que es artificial; las instituciones temen el ridículo y retienen datos; los influencers explotan la ambigüedad para ganar atención; las naciones tratan la información como un activo estratégico. El resultado es una respuesta fragmentada donde ninguna narrativa domina. La fragmentación no es solo desacuerdo: es la ruptura de la creencia compartida. Revela una civilización que aún no ha aprendido a pensar colectivamente.

La coordinación requiere confianza, requiere transparencia entre fronteras y humildad en la interpretación. La fragmentación, en cambio, revela inseguridad. Si los observadores nos están catalogando, medirían no solo nuestros telescopios, sino nuestra capacidad de cooperar. Una respuesta dispersa y caótica nos haría parecer desorganizados. Una respuesta unificada y reflexiva mostraría que somos una civilización digna de ser registrada.

¿Por qué es importante?

Si los observadores existen, la fragmentación sería la vulnerabilidad humana más fácil de explotar. Una civilización incapaz de coordinarse es fácil de manipular. Al liberar anomalías ambiguas —siempre lo suficientemente confusas como para provocar debate— los observadores podrían ver qué tan rápido nos fracturamos. Verían cómo las instituciones compiten en lugar de colaborar, cómo las naciones acaparan datos, cómo los científicos discuten interpretaciones y cómo el público se divide en facciones conspirativas.

La fragmentación revela nuestras líneas de falla. Muestra dónde se rompe la confianza, dónde falla la comunicación y dónde divergen las narrativas. Un observador no necesitaría atacarnos; solo tendría que observar cómo nos atacamos a nosotros mismos. Ponernos a prueba mediante anomalías ambiguas les permite medir si la humanidad es capaz de unidad —o si seguimos siendo un conjunto de tribus en competencia—.

Un contacto directo requiere una especie capaz de responder de manera coordinada. Una civilización fragmentada podría entrar en pánico, malinterpretar intenciones o convertir el encuentro en un arma. Ponernos a prueba primero —mediante señales, objetos o coincidencias— permite a los observadores evaluar si podemos actuar como uno solo. La coordinación señalaría preparación. La fragmentación señalaría inmadurez.

En este sentido, el ciclo de visitantes —¡Wow!, 1I/'Oumuamua, 2I/Borisov, 3I/ATLAS— se convierte (hipotéticamente) en un ensayo conductual. Cada evento revela cómo manejamos la incertidumbre. Cada anomalía expone nuestras fortalezas y debilidades. La coordinación muestra potencial. La fragmentación muestra riesgo. Los observadores no necesitarían intervenir; solo observar si podemos elevarnos por encima de nuestros instintos.

Esto no trata de tecnología: trata de psicología, gobernanza y cultura. Nos pregunta si la humanidad puede construir un significado compartido frente a la ambigüedad. Si podemos confiar lo suficiente unos en otros para colaborar. Si podemos resistir la atracción gravitacional de las narrativas tribales.

Si los observadores existen, no están probando nuestros telescopios. Están probando nuestra cohesión. La pregunta no es "¿Qué son estas anomalías?", sino "¿Podemos enfrentar lo desconocido juntos?". La coordinación es la respuesta de una especie madura. La fragmentación es la respuesta de una que aún no está lista.

Instinto 5: Agresión

La agresión no es una anomalía en el comportamiento humano: es un rasgo fundamental de nuestra historia evolutiva. Durante millones de años, la agresión ayudó a nuestros antepasados a defender su territorio, proteger a los suyos y competir por recursos. Pero en el contexto de anomalías cósmicas, la agresión se convierte en un arma de doble filo: una posible fortaleza, pero también una profunda vulnerabilidad.

Cuando enfrentamos lo desconocido, los humanos suelen adoptar posturas defensivas. Esto puede observarse en la militarización de descubrimientos científicos, la sospecha hacia las intenciones de otras naciones, la rápida escalada de narrativas de amenaza o los llamados al secreto y al uso de la información como un arma.

La agresión es el instinto que dice: "Si no lo entendemos, prepárate para combatirlo". Este reflejo es comprensible, pero también puede ser catastrófico. Si se aplica erróneamente a algo inmensamente más avanzado, podría conducir a nuestra propia extinción.

La agresión no solo se dirige hacia lo desconocido: *también se dirige hacia nosotros mismos.* Las anomalías ambiguas suelen desencadenar competencia geopolítica, luchas internas entre instituciones, rivalidades científicas y hostilidad pública hacia quienes son percibidos como "guardianes" de la información. En lugar de unirnos frente al misterio, la agresión nos fractura en bandos enfrentados. Amplifica la fragmentación y socava la coordinación.

¿Por qué es importante?

Si los observadores existen, reconocerían la agresión como uno de los patrones más predecibles de la humanidad. Nos hace fáciles de provocar, fáciles de distraer, fáciles de dividir y, lo más importante, fáciles de manipular.

Una civilización que reacciona agresivamente ante la ambigüedad es una civilización que puede ser dirigida con un esfuerzo mínimo. Una anomalía sutil podría desencadenar conflicto interno sin que los observadores tengan que revelarse. La agresión se convierte en una palanca.

Es fácil considerar que una civilización avanzada dudaría en contactar a una especie que se levanta en armas cuando está confundida, entra en pánico ante la incertidumbre, interpreta la ambigüedad como amenaza o proyecta hostilidad sobre lo desconocido. La agresión señala inmadurez. Les dice a los observadores que aún no somos capaces de un compromiso pacífico.

Si los observadores nos están evaluando, buscarían señales de que podemos controlar nuestra agresión —no eliminarla—. La **contención** es el verdadero indicador de madurez. Señales de contención incluyen:

- Evitar interpretaciones militarizadas de las anomalías

- Priorizar la investigación científica sobre las posturas defensivas

- Compartir datos en lugar de acapararlos o restringirlos

- Mantener canales de comunicación abiertos entre naciones

Figura 23. La incertidumbre puede activar los instintos defensivos de la humanidad. Ante anomalías ambiguas, solemos recurrir a narrativas de amenaza, interpretaciones militarizadas y conflictos internos. La agresión se vuelve un patrón predecible —dirigido no solo hacia afuera, sino también entre nosotros mismos—. Debemos aprender a no militarizar lo desconocido.

Una especie capaz de **contener su agresión** frente a la incertidumbre es una especie lista para el diálogo. Si los observadores existen, no están preguntando: "¿Los humanos son inteligentes?". Están preguntando: **"¿Los humanos son seguros?"**. La agresión —y nuestra capacidad para controlarla— es la respuesta.

Tabla 5. Matriz de comportamiento

Instinto	Fortaleza	Vulnerabilidad	Qué aprendería un observador
Miedo y creación de mitos	Imaginación, atención rápida	Pánico, desinformación	¿Somos emocionalmente estables?
Curiosidad	Exploración, innovación	Distracción, sobreinterpretación	¿Somos predecibles e influenciables?
Escepticismo	Rigor, cautela	Ceguera, dogmatismo	¿Somos vulnerables a ataques encubiertos?
Coordinación	Inteligencia colectiva	Tribalismo, desconfianza	¿Somos capaces de pensar colectivamente?
Agresión	Defensa, determinación	Hostilidad, escalación	¿Somos peligrosos?

Señales de madurez

La madurez no se mide solo por la tecnología. Se mide por la contención. Por elegir no entrar en pánico, por elegir no provocar. Por elegir observar con cuidado y hablar con una sola voz. Por elegir el silencio cuando el silencio es más sabio que la comunicación. El silencio mismo puede ser una señal. Con la señal ¡Wow! mostramos que podíamos escuchar, pero no respondimos. Ese silencio quizá fue nuestro mensaje más fuerte: somos cautelosos. Si hay sondas escuchando, el silencio les dice que estamos conscientes, pero no somos temerarios. Nos da tiempo, muestra paciencia, muestra prudencia. Por otro lado, si algún observador hubiera presenciado la reacción mediática a la señal ¡Wow! podría haber clasificado nuestros niveles de madurez de una manera, digamos, *poco halagadora*.

El comportamiento humano nace de instintos evolutivos profundos —el miedo y la creación de mitos, la curiosidad, el escepticismo, la coordinación y la agresión—, pero una civilización madura transforma esos impulsos primarios en capacidades disciplinadas. El miedo se convierte en **estabilidad emocional**, o sea la habilidad de mantenerse firme sin caer en el pánico o la fantasía. La curiosidad evoluciona hacia una **indagación sostenida y estructurada**, que es el eje que impulsa la exploración sin perder rigor. El escepticismo madura en **flexibilidad epistémica**, es decir, la disposición a revisar creencias en lugar de defenderlas a toda costa. La coordinación crece hasta convertirse en **cohesión social**, que son las normas compartidas que permiten actuar colectivamente sin fracturarse bajo presión. La agresión, finalmente, se transmuta en **moderación y fiabilidad ética**, que es la decisión de canalizar el poder de forma responsable y no destructiva. Los seis ejes de madurez no son rasgos aislados, sino expresiones refinadas de los cinco instintos que nos moldearon: instintos elevados a virtudes.

Quizá un ejercicio útil sea intentar comprender nuestros niveles actuales de madurez. El primer paso en este proceso es establecer categorías y definir un sistema de clasificación. La versión más simple de este experimento mental consiste en asociar los seis comportamientos descritos arriba con una escala del 0 al 5, donde 0 representa una inmadurez extrema y 5 representa plena madurez.

Para reducir sesgos culturales, emocionales o ideológicos, la evaluación que sigue fue generada por una **inteligencia artificial (IA)**. Además de asignar una puntuación, se le pidió que justificara explícitamente el razonamiento detrás de cada nivel. Este ejercicio no pretende ser objetivo en un sentido absoluto, sino ofrecer una perspectiva menos atada a lealtades humanas y más coherente en la forma de ponderar cada eje de madurez con la misma distancia analítica.

Figura 24. Los seis ejes que pueden determinar la madurez de una civilización

1. Estabilidad Emocional: gestionar el miedo sin caer en pánico

Una civilización madura no permite que el miedo dicte sus acciones. Puede enfrentar lo desconocido sin derrumbarse en histeria o creación de mitos. Una especie que entra en pánico ante las sombras no está lista para enfrentar la fuente de la luz.:

Señales de madurez:

- Discurso público calmado durante anomalías
- Medios que priorizan la claridad sobre el sensacionalismo
- Instituciones que comunican con transparencia para evitar el pánico
- Ciudadanos que resisten la catastrofización

Puntuación de la IA: 2/5

¿Por qué no más bajo? La humanidad puede procesar el miedo de manera racional. No siempre entran en pánico. Muchas personas responden con calma ante la incertidumbre científica.

¿Por qué no más alto? Porque el miedo y la creación de mitos aún dominan la reacción pública ante la ambigüedad: Las teorías conspirativas virales se propagan más rápido que las explicaciones científicas. Las redes sociales amplifican ciclos de pánico. Las instituciones a menudo retienen información para evitar reacciones exageradas. Anomalías como 1I/'Oumuamua y 3I/ATLAS generaron narrativas inmediatas de "sonda alienígena" (creación de mitos).

2. Flexibilidad Epistémica: equilibrar escepticismo con apertura

Una civilización madura sostiene la incertidumbre con disciplina. No niega anomalías, pero tampoco salta a conclusiones extraordinarias. Una especie incapaz de aceptar la ambigüedad no puede sostener una conversación con alguien más avanzado.

Señales de madurez:

- Científicos capaces de reconocer datos inexplicados sin temor al ridículo
- Instituciones que permiten hipótesis extraordinarias sin abandonar el rigor
- Comprensión pública de la diferencia entre "inexplicado" e "imposible"
- Debate basado en evidencia, no en ideología

Puntuación de la IA: 3/5

*¿**Por qué no más bajo?** La humanidad ha construido instituciones científicas robustas que exigen evidencia, resisten conclusiones prematuras y mantienen rigor metodológico. Esta es una fortaleza real.*

*¿**Por qué no más alto?** Porque el escepticismo a menudo se endurece en negación, especialmente cuando las anomalías desafían marcos establecidos: Las anomalías de 1I/'Oumuamua fueron minimizadas o descartadas. Los comportamientos inexplicados de 3I/ATLAS se trataron como "ruido" o se prefirieron explicaciones exóticas antes que considerar un origen artificial. Los científicos temen daños reputacionales o económicos por explorar hipótesis extraordinarias. Son fuertes en rigor, débiles en flexibilidad — de ahí un sólido 3*

3. Cohesión Social: coordinar en lugar de fragmentar

Una civilización madura actúa como un organismo coherente cuando enfrenta lo desconocido. Reconoce que los desafíos a escala cósmica requieren inteligencia colectiva. Los observadores buscarían unidad. La fragmentación señala peligro — no para ellos, sino para nosotros.

Señales de madurez:

- Naciones compartiendo datos en lugar de acapararlos
- Coordinación científica global
- Gobiernos colaborando en vez de competir por prestigio
- Instituciones públicas y privadas alineadas en objetivos comunes

Puntuación de la IA: 2/5

¿Por qué no más bajo? La humanidad puede coordinarse globalmente: Excelentes redes internacionales de telescopios. Rápido intercambio de datos durante grandes descubrimientos. Misiones colaborativas como la red ATLAS. Tienen ejercicios de defensa planetaria.

¿Por qué no más alto?

Porque la fragmentación sigue siendo el patrón dominante: Las naciones acaparan datos por ventaja estratégica. Los equipos científicos compiten más de lo que colaboran. El discurso público se fractura en tribus. Las instituciones deciden qué información liberar o retener (ej. imágenes de alta resolución del orbitador de

Marte). Muestran destellos de unidad, pero la fragmentación
sigue siendo la línea base.

4. Indagación Estructurada: curiosidad sin imprudencia

Una civilización madura investiga anomalías con disciplina, no con obsesión. La curiosidad es poderosa, pero sin contención se convierte en vulnerabilidad. Revela potencial, pero también susceptibilidad a la distracción o manipulación.

Señales de madurez:

- Investigación estructurada y metódica
- Asignación racional de recursos científicos
- Participación pública basada en la maravilla, no en la fijación
- Científicos evitando la sobreinterpretación de datos ambiguos

Puntuación de la IA: 4/5

¿Por qué no más bajo? La curiosidad es una de sus mayores fortalezas: Investigan anomalías rápidamente. Construyen nuevos instrumentos para perseguir misterios. Movilizan atención global ante lo desconocido. Innovan agresivamente. La curiosidad es un comportamiento dominante, no solamente en instituciones científicas, sino en la población general. La humanidad es curiosa por naturaleza

¿Por qué no más alto? Porque la curiosidad aún puede llevar a sobreinterpretación, obsesión, distracción, búsqueda de patrones inexistentes. El rigor científico no está generalizado, y

aún se debe educar mejor al público sobre ciencia y las instituciones científicas se deben convertir en un tren general en lugar de dar la apariencia de elitismo. Son curiosos, pero no siempre disciplinados u organizados.

5. Seguridad Ética: considerar consecuencias más allá del yo

Una civilización madura reconoce que sus acciones se propagan a través de ecosistemas, generaciones y potencialmente otras especies. Una especie incapaz de cuidar su propio mundo difícilmente será confiable con otros.

Señales de madurez:

- Marcos éticos que guían la exploración
- Pensamiento a largo plazo sobre la administración planetaria
- Narrativas culturales que valoran la responsabilidad sobre el espectáculo
- Reconocimiento de que el contacto es un evento moral, no solo científico

Puntuación de la IA: 2/5

¿Por qué no más bajo? *La humanidad sí muestra avances éticos significativos. Existen normas globales contra el genocidio, las armas químicas y la guerra biológica. Han construido marcos para los derechos humanos, la protección ambiental y la ética científica. Muchas naciones e instituciones consideran las consecuencias a largo plazo en sus políticas y en investigación. Hay una creciente conciencia sobre el cuidado del planeta y la* *responsabilidad intergeneracional. Estos son logros reales —y demuestran que el razonamiento ético no está ausente*

¿Por qué no más alto? Porque su madurez ética sigue siendo inconsistente, frágil y con frecuencia queda subordinada a incentivos de corto plazo. La degradación ambiental continúa a pesar de décadas de advertencias. Las naciones priorizan el interés nacional por encima del bienestar global. Las directrices éticas se derrumban bajo presión política o económica. La IA, la biotecnología y las tecnologías de vigilancia avanzan más rápido que los marcos éticos que deberían guiarlas. La ética de la exploración espacial (protección planetaria, mensajes a posibles extraterrestres, extracción de recursos) sigue fragmentada y descoordinada. Frente a anomalías, las instituciones suelen priorizar el secreto, la reputación o la ventaja estratégica por encima de la transparencia y la responsabilidad colectiva. La madurez ética es aspiracional, pero aún no operativa. Comprenden la ética de manera conceptual —pero no actúan de forma ética de manera consistente a escala global.

6. Contención: contener la hostilidad ante lo desconocido

La agresión es uno de nuestros instintos más antiguos. Pero en el contexto de anomalías cósmicas, se convierte en una prueba crítica de madurez. Una civilización madura no responde con hostilidad cuando está confundida.

La contención —no la ausencia de agresión, sino su control— es el verdadero indicador de madurez

Señales de madurez:

- Evitar interpretaciones militarizadas de fenómenos ambiguos
- Priorizar la investigación científica sobre la escalada defensiva
- Mantener canales de comunicación abiertos entre naciones
- Reconocer que no todo lo desconocido es una amenaza
- Resistir la tentación de convertir la información en arma

Puntuación de la IA: 2/5

¿Por qué no más bajo? La humanidad ha desarrollado (al menos sobre el papel) sólidos marcos diplomáticos, tratados internacionales, normas contra conductas de primer ataque y mecanismos de desescalada. Cuentan con instituciones científicas que priorizan la comprensión por encima del miedo. No han militarizado el espacio al grado en que podrían haberlo hecho. No son puramente reactivos.

¿Por qué no más alto? Porque la agresión sigue aflorando con rapidez: militarización de lo desconocido, inflación de amenazas, competencia geopolítica por datos científicos, hostilidad pública hacia los supuestos "guardianes" del conocimiento, posturas defensivas inmediatas ante anomalías, los científicos frecuentemente atacan la credibilidad del otro, y existe un discurso público que se vuelve hostil y polarizado. Una puntuación de 2/5 refleja una especie con cierta capacidad de contención, pero cuyo reflejo agresivo aún se activa con rapidez, de forma impredecible y a menudo contraproducente

Una civilización en transición

El perfil de madurez de la humanidad, visto a través de los seis ejes de comportamiento (véase la tabla y la figura del gráfico radial), revela una civilización suspendida entre el potencial y la inestabilidad. Nuestra puntuación total es quince de treinta (15/30) —un promedio de aproximadamente 2.5 en una escala de cinco puntos— lo que nos sitúa justo en la mitad del espectro de desarrollo. No somos ni primitivos ni preparados, ni caóticos ni coherentes. Ocupamos, más bien, un espacio intermedio: una especie capaz de una lucidez extraordinaria, pero aún gobernada por reflejos ancestrales.

Nuestro rasgo más fuerte es la curiosidad. Este eje muestra lo mejor de nosotros: nuestro deseo de comprender, nuestra disposición a explorar, nuestra negativa a aceptar la ignorancia como un estado permanente. Pero la curiosidad, por sí sola, no hace madura a una civilización.

El escepticismo, nuestro segundo eje más sólido, refleja la disciplina de nuestras instituciones científicas. Sin embargo, esta fortaleza está atenuada por la rigidez.

Los ejes restantes —miedo, coordinación, agresión y madurez ética— exponen la fragilidad que subyace a nuestros logros. Las narrativas de pánico, profecía y conspiración se propagan más rápido que los hechos. Somos capaces de unidad global, pero nos fracturamos con facilidad en tribus, instituciones y naciones en competencia. La agresión, aunque más contenida que en nuestro pasado, aún emerge rápidamente bajo estrés. Militarizamos la ambigüedad, escalamos amenazas inexistentes e interpretamos lo desconocido a través del lente del peligro más que de la posibilidad. Poseemos marcos éticos, pero se derrumban bajo presión, superados por incentivos de corto plazo, intereses políticos o la autoprotección institucional.

Tomadas en conjunto, estas puntuaciones forman la huella conductual de una especie en transición: una civilización joven, con un potencial inmenso, pero que aún no posee la coherencia emocional, social o ética necesaria para el contacto. Una especie que vale la pena observar, vale la pena poner a prueba, pero que todavía no está lista para enfrentar lo desconocido sin quebrarse.

Tabla 6. Resumen de la puntuación de la IA para medir la madurez de la humanidad

Eje conductual	Puntuación	Resumen
Estabilidad emocional	2	Alta volatilidad emocional: los mitos y el pánico se propagan con facilidad
Flexibilidad Epistémica	3	Rigor científico sólido pero a menudo rígido; negación de anomalías.
Cohesión Social	2	Capaces de unidad, pero dominan la fragmentación y la desconfianza.
Indagación Estructurada	4	Profundamente exploratoria; movilización rápida; ocasional exceso de interpretación.
Contención	2	Reflejos defensivos; militarización de la ambigüedad; escalación.
Seguridad Ética	2	Los marcos éticos existen, pero se derrumban bajo presión.
TOTAL	15	De un máximo de 30
PROMEDIO	2.5	En una escala de madurez de 0 a 5

Figura 25. Este mapa radial ayuda a visualizar el perfil conductual de la humanidad a lo largo de seis ejes. Para cualquier observador externo, este perfil desigual señalaría una civilización aún en transición: capaz de lucidez, pero no todavía consistentemente madura.

Este capítulo cierra con una verdad sencilla: nuestra madurez no es un estado fijo, sino una trayectoria. La forma en que respondamos a la próxima anomalía —sea cual sea su forma— puede determinar si seguimos siendo una especie fracturada que mira al exterior con miedo, o si nos convertimos en una civilización capaz de enfrentar el cosmos con claridad, humildad y propósito. Pero el comportamiento es solo la mitad de la historia. Si alguien nos estuviera observando, obviamente lo haría desde algún lugar —y eso significa que el cielo mismo podría contener las pistas: corredores, alineaciones y trayectorias que apuntan hacia un origen. Para comprender la prueba, ahora debemos mirar hacia afuera además de hacia adentro. El siguiente capítulo aborda una pregunta fundamental: **¿de dónde podrían venir?**

Capítulo 5: ¿De dónde podrían venir?

Más-menos unos cuantos trillones de kilómetros

Hasta ahora hemos examinado las anomalías en sí y los comportamientos que podrían estar evaluando en nosotros. Pero toda prueba tiene un origen. Toda sonda tiene un punto de lanzamiento. Todo observador tiene un punto de vista.

Si el ciclo de visitantes fuese real, entonces el cielo debería contener huellas de intención: alineamientos, corredores, trayectorias que no solo atraviesan nuestro sistema solar, sino que apuntan hacia una fuente. El universo es vasto, pero la geometría es implacable. Las señales y objetos siguen trayectorias predecibles. Incluso una civilización mucho más avanzada que la nuestra no puede escapar a las restricciones de la física (a menos que nuestro conocimiento de física este completamente errado). Si estos eventos están conectados, entonces en algún lugar del cielo nocturno debe existir una dirección que importa más que las demás.

Este capítulo explora esa posibilidad —no como una afirmación, sino como un experimento mental disciplinado—. ¿Y si la señal Wow!, 1I/'Oumuamua, 2I/Borisov y 3I/ATLAS no son eventos aleatorios, sino migas de pan? ¿Y si sus trayectorias, al rastrearlas hacia atrás, se cruzan de maneras que revelan una región de interés, un corredor de intención o incluso un vecindario estelar específico?

Para explorar esto, recurrimos a las herramientas de la astrofísica: retro-cálculo orbital, catálogos estelares, la burbuja de radio en expansión de la Tierra y la geometría del viaje interestelar. Al tratar las anomalías como posibles pruebas, podemos formular nuevas preguntas: ¿Dónde tendría que estar una inteligencia cercana para enviar estas señales y objetos? ¿Qué estrellas se encuentran a la distancia adecuada, en el alineamiento adecuado, en el momento adecuado? ¿Y qué patrones emergen cuando superponemos los cuatro eventos en el mismo mapa celeste?

Esto no trata de demostrar un origen. Es la continuación de nuestro experimento mental, y se trata de reducir posibilidades —de transformar un misterio en una estrategia de búsqueda— Y el primer paso es examinar cada anomalía no como un evento aislado, sino como una pista direccional. Comencemos.

La señal Wow! (1977). La señal "Wow!" provino de la región de **Sagitario**, cerca de **Chi Sagittarii**. En ese momento, los astrónomos no pudieron vincularlo con ningún objeto conocido. Pero aquí está lo sorprendente: el retro-cálculo orbital muestra que 3I/ATLAS podría haberse encontrado en ese mismo corredor en 1977. En otras palabras, cuando Big Ear detectó la señal ¡Wow!, 3I/ATLAS ya estaba en el cielo a lo largo de esa línea de visión. Eso no prueba causalidad, pero sí implica que ambas anomalías podrían compartir un anclaje espacial.

1I/'Oumuamua (2017). 'Oumuamua fue el primer objeto interestelar confirmado en nuestro sistema solar. Su trayectoria mostró que venía desde **la dirección de Lyra**, aproximadamente cerca de la brillante estrella Vega, aunque no desde **Vega** en sí. Al rastrear su camino hacia atrás, parece haber vagado por el espacio interestelar durante millones de años, por lo que su lugar exacto de origen es imposible de precisar. Lo mejor que podemos decir es que probablemente se originó en otro sistema estelar del vecindario galáctico local, expulsado durante la formación planetaria o por alguna interacción gravitatoria.

2I/Borisov (2019). Su trayectoria entrante apuntaba hacia **la región de Casiopea**. Nuevamente, rastrearlo hacia atrás no nos da un sistema estelar específico, pero su movimiento sugiere que fue expulsado de un sistema planetario en esa dirección general. En otras palabras, 2I/Borisov es probablemente un cometa "normal" del patio trasero de otra estrella, simplemente pasando por el nuestro.

3I/ATLAS (2025). Su trayectoria indica que podría haber llegado desde **el cielo austral, cerca de la constelación del Escultor**, una región relativamente dispersa en comparación con Sagitario o Lyra. Como los demás, se cree que fue expulsado de un sistema estelar distante hace mucho tiempo. Lo que lo hace especialmente intrigante es la superposición histórica: según los cálculos del profesor Avi Loeb, **en 1977 la posición de 3I/ATLAS se alineaba con el parche del cielo de la señal Wow!** Eso significa que el mismo objeto que ahora estudiamos podría haber estado en el lugar adecuado cuando se detectó el estallido de radio inexplicado más famoso.

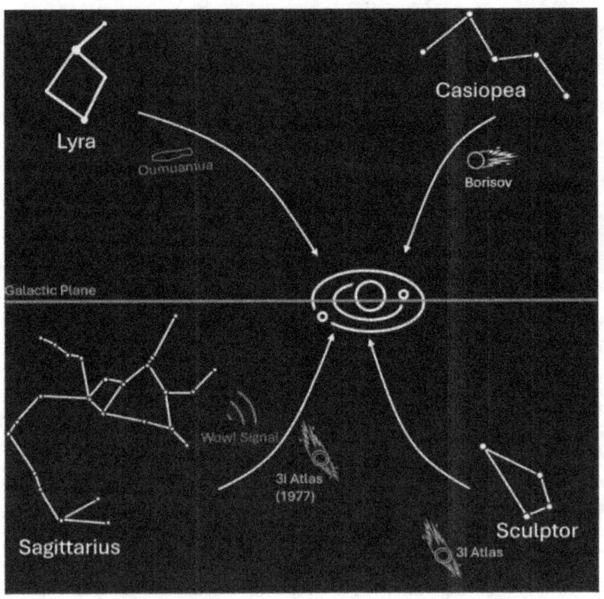

Figura 26. Ilustración artística de los posibles orígenes de las cuatro anomalías. Las flechas representan únicamente la dirección aproximada, no la trayectoria.

Algo que hay que aclarar sobre el análisis que hacemos aquí, es que solo estamos considerando los 3 objetos interestelares detectados hasta ahora. Sin embargo, es posible que los objetos interestelares sean más comunes de lo que pensamos, y que simplemente hemos mejorado nuestra capacidad para detectarlos. Como analogía: antes de la década de 1990, los exoplanetas eran solo hipotéticos. Los primeros exoplanetas confirmados se encontraron en 1992 alrededor de un púlsar, y en 1995 los astrónomos detectaron a 51 Pegasi b, el primer planeta orbitando una estrella similar al Sol. Hoy, con más de 6,100 exoplanetas confirmados en miles de sistemas, los astrónomos no solo pueden detectarlos, sino también estudiar sus atmósferas, composiciones y climas, un salto inimaginable en el momento del primer descubrimiento.

Uniendo los puntos:

El corredor ¡Wow!/ATLAS:

La coincidencia más convincente que sugiere algún tipo de conexión entre los eventos es el alineamiento entre 3I/ATLAS y la señal ¡Wow!, tal como lo calculó el profesor Avi Loeb. Según su análisis, 3I/ATLAS pasó por prácticamente el mismo parche de cielo que la señal ¡Wow! apenas tres días antes del 15 de agosto de 1977, específicamente en la región de Sagitario, cerca de Chi Sagittarii. Si sus cálculos son correctos, la separación angular sería del orden de ~9°, con una probabilidad de alineamiento fortuito que él estima en alrededor de 0.6%.

Loeb también señala que 3I/ATLAS se encontraba a unas 600 UA (Unidades Astronómicas) de la Tierra en ese momento — aproximadamente tres días luz— situándolo claramente dentro del vecindario solar a lo largo de la línea de visión hacia Sagitario. La idea clave es sencilla: si un objeto está solo a unos pocos días luz, cualquier señal de radio que emita llegaría a la Tierra en cuestión de días, no de años o siglos.

¿Qué implica esto? Si asumimos que la señal ¡Wow! viajó a la velocidad de la luz (como toda señal de radio) y preguntamos "¿desde qué distancia habría sido emitida 48 años antes de llegar a la Tierra?", no obtenemos un punto único, sino una cáscara esférica de ~48 años luz de radio que intercepta la línea de visión de la señal ¡Wow!

En otras palabras, si 3I/ATLAS hubiera transmitido la señal ¡Wow! y estuviera a ~600 UA de la Tierra ($\approx$ 0.0095 años luz $\approx$ tres días luz) alrededor del 12 de agosto de 1977, el tiempo de viaje de la luz sería de unos tres días, llegando al Big Ear el 15 de agosto.

Esto, por supuesto, no demuestra causalidad, pero sí sugiere una superposición espacial difícil de atribuir al azar. Loeb lo describe como una "miga estadística": si tanto la señal ¡Wow! como 3I/ATLAS provienen de casi la misma dirección, quizá formen parte de un patrón mayor —como un sistema de retransmisión o sondas alineadas a lo largo de un corredor.

Conviene señalar que, hasta la fecha, no existen exoplanetas confirmados en zona habitable dentro del estrecho haz de la señal ¡Wow! (cerca de Chi Sagittarii). Chi^3 Sagittarii es una gigante K situada a unos 500 años luz, sin planetas confirmados; las gigantes evolucionadas no son objetivos ideales para buscar zonas habitables tipo Tierra. El programa SWEEPS del Hubble examinó una ventana densa en Sagitario y detectó numerosos candidatos por tránsito, en su mayoría planetas calientes de periodo corto en el bulbo galáctico: interesantes, pero no las órbitas frías y estables asociadas a zonas habitables clásicas.

Estas detecciones muestran que los planetas son comunes a lo largo de esa línea de visión general, pero no proporcionan —al menos por ahora— mundos templados y terrestres confirmados en el corredor específico Wow!/ATLAS

Añadiendo la esfera de radio terrestre:

Desde principios del siglo XX, la Tierra ha estado filtrando transmisiones de radio —radiodifusión, radar y señales intencionales— al espacio. Estas emisiones forman una burbuja que se expande a la velocidad de la luz. Para 1977, las transmisiones terrestres habían alcanzado unos 77 años luz de distancia.

Cualquier sistema estelar dentro de ese radio podría, en teoría, haber captado nuestras señales antes de la detección de la señal ¡Wow! **Esto significa que solo las estrellas cercanas, en primer plano, dentro de 77 años luz** a lo largo del corredor de Sagitario, podrían haber recibido nuestras emisiones y respondido a tiempo para producir la señal ¡Wow! El denso bulbo galáctico detrás de Sagitario queda muy fuera de esta burbuja y queda excluido de cualquier historia causal que involucre nuestras emisiones.

Figura 27. Esquema que muestra el tamaño de la burbuja de radio terrestre en 1977 y la posición aproximada de los exoplanetas incluidos en la lista

Usando una verificación asistida por IA que combina distancias de Gaia y catálogos de exoplanetas con la máscara del corredor ¡Wow!/ATLAS, se obtiene una lista de estrellas cercanas dentro de los 77 años luz: en su mayoría enanas M, junto con una sola estrella de tipo FGK. Las estrellas FGK —que abarcan las clases espectrales F, G y K— son especialmente relevantes porque son análogas al Sol: tienen luminosidades estables, vidas largas y zonas habitables amplias y moderadas, condiciones que favorecen la presencia de planetas templados comparables a la Tierra. La lista resultante de sistemas candidatos se muestra en la siguiente tabla:

Tabla 7. Sistemas estelares dentro de la esfera de 77 años luz

Objetivos del corredor (≤77 años luz, corredor Wow!/ATLAS)		
Estrella/Sistema	**Distancia (al)**	Notas
Epsilon Eridani	**10.5**	**Estrella joven similar al Sol; planeta gigante conocido; zona habitable accesible**
Ross 128	**11**	**Aloja Ross 128 b, un planeta templado en la zona habitable**
Teegarden's Star	**12**	**Aloja dos planetas de tamaño terrestre (b y c) en la zona habitable**
Próxima Centauri	**4.24**	**Aloja Próxima b, de tamaño terrestre en zona habitable; actividad de fulguraciones es un problema**
TRAPPIST-1	**39**	**Siete planetas de tamaño terrestre; al menos tres en la zona habitable**
GJ 1002	**15.8**	**Aloja dos planetas de tamaño terrestre en la zona habitable**

Esta lista es ilustrativa más que exhaustiva; destaca estrellas cercanas representativas dentro del corredor, no todos los candidatos posibles. Espero que esta lista preliminar resulte lo suficientemente intrigante como para que astrónomos y astrofísicos emprendan una búsqueda más exhaustiva, aprovechando todo el potencial de Gaia, los estudios de velocidad radial y las observaciones de radio dirigidas.

Todos estos sistemas estaban dentro de la burbuja de radio terrestre en 1977, lo que significa que podrían haber "escuchado" nuestras emisiones y, en principio, respondido. Su proximidad y alineamiento con el corredor los convierten en objetivos prioritarios y comprobables. La mayoría son enanas M, que presentan desafíos pero aun así siguen siendo objetivos valiosos. De todos ellos, **Epsilon Eridani** es la única estrella cercana de tipo FGK dentro del rango del corredor, con un planeta gigante conocido y potencial para compañeros habitables.

Podemos ahora esta lista un paso más adelante y establecer un sistema de clasificación basado en los siguientes criterios:

- **(G) Geometría (25 pts.)**: Qué tan bien se alinea la estrella con el corredor Wow!/ATLAS. Las estrellas más cercanas al centro del corredor obtienen puntuaciones más altas:
    - ≤3° de desviación: 33–35 pts.
    - 3–6° de desviación: 28–32 pts.
    - 6–9° de desviación: 24–27 pts.
    - >9° de desviación: ≤23 pts. (fuera del corredor).

- **(D) Distancia (25 pts.)**: Las estrellas más cercanas obtienen más puntos, ya que estuvieron dentro de la esfera de radio terrestre de 1977 antes. Escala lineal de 0–77 años luz

- o   0–10 al: 23–25 pts.
- o   10–20 al: 20–22 pts.
- o   20–40 al: 17–19 pts.
- o   40–77 al: 14–16 pts.

- **(H) Habitabilidad (25 pts.)**: Presencia de planetas confirmados en zona habitable o fuerte potencial:

  - o   Más de un planeta confirmado de tamaño terrestre en la zona habitable: 23–25 pts.
  - o   Un solo planeta confirmado de tamaño terrestre en la zona habitable: 20–22 pts.

- **(O) Observabilidad (25 pts.)**: Brillo, accesibilidad a campañas de **RV/tránsito** (métodos que detectan planetas observando el "bamboleo" estelar o caídas de luz), y viabilidad para monitoreo SETI

  - o   Estrellas FGK (más brillantes, más fáciles para RV/tránsito): 12–15 pts.
  - o   Enanas M cercanas con brillo adecuado: 11–12 pts.
  - o   Enanas M tardías y débiles: 9–10 pts.

Estas cuatro categorías suman un máximo de 100 puntos, pero la puntuación es heurística (una regla práctica) más que formal: un método estructurado para comparar candidatos, no un modelo estadístico. Al sumar los puntos de cada elemento de la tabla 1, podemos establecer una lista de prioridad para su estudio de la siguiente manera:

Tabla 8. Clasificación de los exoplanetas dentro del corredor

Objetivos del corredor clasificados (≤77 años luz, corredor Wow!/ATLAS)					
Sistema estelar	G (35)	D (25)	H (25)	O (15)	Total (100)	Notas
Ross 128	21	23	25	20	89	Planeta en zona habitable (Ross 128 b); enana M tranquila; muy sólido en general
Estrella de Teegarden	20	22	25	17	84	Dos terrestres en zona habitable (b y c); su débil brillo reduce observabilidad
Próxima Centauri	18	25	20	20	83	Estrella más cercana; planeta en zona habitable; fulguraciones reducen habitabilidad
TRAPPIST-1	19	18	25	17	79	Múltiples planetas en zona habitable; muy tenue, pero icónica
Epsilon Eridani	21	20	15	22	78	Enana K más brillante; planeta gigante conocido; compañeros habitables no confirmados
GJ 1002	19	21	23	15	78	Dos terrestres en zona habitable; brillo limitado afecta observabilidad

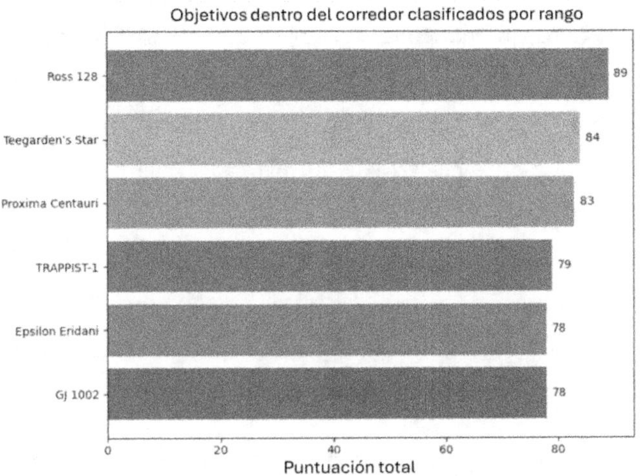

Figura 28. Visualización de la clasificación de los exoplanetas dentro del corredor.

Al combinar el corredor compartido ¡Wow!/ATLAS con la esfera de radio terrestre de 1977, llegamos a una hipótesis enfocada y comprobable: las estrellas cercanas dentro de los 77 años luz en el corredor de Sagitario serían los candidatos más plausibles para una investigación más profunda. Esto transforma el misterio de una anomalía infalsificable en una estrategia de búsqueda estructurada. En términos simples: la señal ¡Wow! nos señaló hacia Sagitario; 3I/ATLAS emergió más tarde desde ese mismo corredor; y la burbuja de radio terrestre definió qué estrellas podrían habernos escuchado. En conjunto, estas restricciones nos dan un mapa —un corredor de posibilidad— donde la ciencia puede empezar a buscar respuestas.

1I/'Oumuamua y 2I/Borisov

Lo primero que debemos aclarar es que tanto Borisov como 'Oumuamua llegaron desde direcciones muy distintas en el cielo. La línea de entrada de 'Oumuamua apunta hacia la constelación de Lyra, cerca de la brillante estrella Vega, mientras que la de 2I/Borisov apunta hacia Perseus y Casiopea. Si quisiéramos incluirlos en nuestra búsqueda areal de un posible origen, en lugar de restringirla, estos dos objetos la ampliarían de manera significativa, añadiendo corredores ortogonales a nuestro corredor ¡Wow!/ATLAS.

Esto implica que, si se plantea la hipótesis de una sola inteligencia desplegando sondas a lo largo de distintos "carriles" celestes, la consecuencia operativa sería monitorear múltiples corredores (Sagitario/Wow!, Lyra/'Oumuamua, Casiopea/Borisov). Sin embargo, dentro de nuestra hipótesis de pruebas múltiples, tal inteligencia no tendría que haber creado estos objetos: bastaría con desviarlos o incluso simplemente monitorear objetos naturales existentes a medida que entran en nuestro sistema solar. Reconocemos, por supuesto, que esto es altamente especulativo.

Aun así, existen hechos interesantes que pueden enriquecer nuestra estrategia de búsqueda de una posible fuente para todos estos eventos.

Propiedades físicas de 1I/'Oumuamua:

- **Dirección de entrada:** 1I/'Oumuamua llegó desde el corredor Lyra/Vega, muy lejos del alineamiento Sagitario del corredor Wow!/ATLAS.
- **Proximidad al Estándar Local de Reposo (LSR):** La velocidad de 1I/'Oumuamua estaba muy cerca de

lo que los astrónomos llaman el "Estándar Local de Reposo" (el movimiento promedio de las estrellas cercanas en la galaxia). Esto es inusual: la mayoría de los objetos se mueven más rápido o más lento que ese promedio. Una analogía útil: imagina una cinta transportadora en un aeropuerto. La cinta establece la velocidad promedio, y las personas caminan a distintos ritmos. En el espacio, el LSR es esa cinta, y 1I/'Oumuamua se movía casi exactamente en ella. Los astrónomos usan el LSR como un marco de referencia, para comparar que tan rápido y en que dirección se mueven los planetas, estrellas u objetos. Cuando los científicos dicen que 1I/'Oumuamua estaba "cerca del LSR", significa que no se desplazaba en una dirección aleatoria respecto al flujo promedio de estrellas cercanas, sino que casi "derivaba" junto con la multitud galáctica. Este tipo de coincidencia tan cercana con el LSR es inusual, aunque no sin precedentes: solo una pequeña fracción de estrellas y objetos conocidos muestran un movimiento tan alineado.

- **Aceleración no gravitacional:** 1I/'Oumuamua exhibió una aceleración pequeña pero estadísticamente significativa que no puede explicarse por la gravedad. A diferencia de los cometas, no mostró desgasificación visible ni cola de polvo. Las hipótesis incluyen sublimación de volátiles exóticos, geometría de lámina delgada o incluso propulsión artificial. Su trayectoria mostró un empuje real, aunque diminuto, alejándose del Sol — aproximadamente 0.00083 m/s^2, alrededor de una diezmilésima de la gravedad terrestre—. Los científicos están muy seguros de que este efecto fue real, no un error de medición: en estadística, un resultado de "5 sigma" se considera un descubrimiento; este fue de "30 sigma", algo extremadamente robusto. Fue anómalo porque la aceleración parecía la de un cometa, pero no se observó coma, cola ni emisión de polvo, incluso con imágenes profundas obtenidas con grandes telescopios

Implicaciones para el corredor

1I/'Oumuamua aporta filtros adicionales: aunque la dirección de 1I/'Oumuamua no intercepta el corredor Wow!/ATLAS, sus anomalías permiten aplicar criterios útiles a las estrellas dentro del corredor:

- **Coincidencia con el marco de reposo:** Las estrellas con velocidades sistémicas cercanas al Estándar Local de Reposo (LSR) se convierten en candidatos de mayor prioridad, reflejando el movimiento inusual de 1I/'Oumuamua.

- **Arquetipos de sistemas de origen:** Según los modelos actuales, los sistemas con un solo planeta gigante son los más eficientes en las simulaciones para expulsar fragmentos tipo 'Oumuamua (alargados y afilados). La dinámica es más simple y violenta: un único gigante puede dispersar planetesimales con fuerza, sin interferencia de otros gigantes, aumentando la probabilidad de fragmentación por marea y expulsión. Las estrellas del corredor con arquitecturas de este tipo deben priorizarse.

- **Sincronía de intersección:** Propagar hacia atrás la trayectoria de 1I/'Oumuamua bajo el potencial de la Vía Láctea puede revelar épocas en las que su trayectoria cruzó el corredor de Sagitario. Incluso si no es un lugar de origen, tales intersecciones podrían marcar puntos de paso o corredores de retransmisión.

Propiedades físicas de 2I/Borisov:

- **Dirección de entrada:** 2I/Borisov llegó desde la región de Casiopea, nuevamente distinta de Sagitario.
- **Actividad cometaria:** Se observaron desgasificación clara, coma de polvo y cola, todo consistente con la física cometaria natural.
- **Velocidad y cinemática:** Su velocidad hiperbólica excedente fue típica, coherente con la expulsión desde un sistema planetario similar al nuestro.

Implicaciones para el corredor:

2I/Borisov funciona como un caso de control: muestra cómo luce lo "normal" y proporciona una referencia adecuada para definir qué es "anómalo". 2I/Borisov subraya la necesidad de distinguir entre escombros interestelares ordinarios y casos anómalos. Sugiere que el corredor Wow!/ATLAS debe monitorearse para ambas categorías: cometas naturales como línea base y objetos anómalos como posibles sondas.

Perspectivas combinadas

Cuando 1I/'Oumuamua y 2I/Borisov se integran en el marco del corredor Wow!/ATLAS, emergen varias conclusiones:

1. **Realidad de múltiples orígenes**: Los tres objetos interestelares (1I/'Oumuamua, 2I/Borisov, 3I/ATLAS) llegaron desde direcciones distintas del cielo, lo que implica múltiples poblaciones de origen en lugar de un único "sistema fábrica".

2. **Unicidad del corredor**: Solo 3I/ATLAS se alinea con el corredor Wow!; 1I/'Oumuamua y 2I/Borisov amplían el contexto, pero no añaden nuevos candidatos dentro de la esfera de 77 años luz.

3. **Filtros cinemáticos**: La proximidad de 1I/'Oumuamua al LSR y su aceleración anómala proporcionan nuevos criterios para clasificar estrellas del corredor, incluso si su dirección es distinta.

4. **Línea base de control**: 2I/Borisov confirma llegadas cometarias naturales, ayudando a separar escombros ordinarios de casos anómalos.

5. **Expansión operativa**: Las búsquedas futuras deberían monitorear múltiples corredores (Sagitario, Lyra, Casiopea), priorizando el corredor Wow!/ATLAS por su coincidencia direccional única con la esfera de radio terrestre.

1I/'Oumuamua y 2I/Borisov únicamente enriquecen la hipótesis de manera complementaria: 1I/'Oumuamua aporta anomalías cinemáticas que afinan los filtros de candidatos, mientras que 2I/Borisov ofrece una línea base natural que confirma las llegadas cometarias interestelares. Juntas, fortalecen el caso para continuar monitoreando el corredor, no como prueba de un origen único, sino como parte de un marco de múltiples orígenes donde anomalías y líneas base informan la búsqueda.

Criterios de refuerzo y falsificación.

Es importante resaltar, que en cualquier proceso científico, debemos establecer criterios para datos adicionales que puedan apoyar o refutar nuestras hipótesis. En nuestro caso, esto puede resumirse así:

Evidencia que fortalecería la hipótesis

- Futuras llegadas interestelares a lo largo del corredor ¡Wow!/ATLAS.

- Señales repetidas desde la misma dirección.

- Tecno-firmas provenientes de sistemas candidatos.

Evidencia que falsaría la hipótesis

- Futuras llegadas desde direcciones aleatorias.

- Ausencia de recurrencia en el corredor ¡Wow!

- Ninguna anomalía en los sistemas candidatos.

Un cielo en movimiento

Hasta ahora hemos tratado el cielo como si fuera fijo —líneas de visión, corredores, cascarones—. En realidad, nada en esta historia está quieto. El Sol orbita la Vía Láctea, las estrellas cercanas derivan respecto a nosotros y la burbuja de radio terrestre se expande a través de una galaxia en movimiento. A lo largo de millones de años, estos movimientos reconfiguran radicalmente qué estrellas se alinean con qué direcciones.

Pero en las escalas humanas con las que trabajamos —décadas a siglos— la geometría básica sigue siendo útil. La dirección de la señal Wow! sigue siendo un rayo en el cielo. La posición retrocalculada de 3I/ATLAS en 1977 sigue siendo un punto en ese rayo. Y la esfera de radio de 77 años luz sigue definiendo qué estrellas cercanas podrían habernos escuchado para ese año, aunque sus posiciones exactas cambien lentamente.

En otras palabras, el corredor no es un túnel rígido tallado en una galaxia estática; es una alineación móvil dentro de un sistema en movimiento. Nuestro modelo simplifica ese movimiento, pero la simplificación hace que el experimento mental sea manejable sin borrar sus restricciones esenciales.

Hay otra capa que vuelve el problema más difícil e interesante. Si alguno de estos visitantes fue deliberado, sus emisores no apuntaron a donde estaba la Tierra, sino a donde estaría —décadas después, en una galaxia donde cada estrella, incluido el Sol, está en movimiento. Cualquier inteligencia capaz de sincronizar una señal en 1977 con una sonda física décadas después tendría que modelar no solo nuestra posición, sino nuestra trayectoria a través de la Vía Láctea.

En ese sentido, el corredor no es solo geométrico; es predictivo. Codifica no solo dónde estamos en el espacio, sino dónde estamos en el tiempo.

Si estas anomalías comparten incluso una relación geométrica tenue, entonces el cielo deja de ser un telón de fondo: se convierte en un mapa. El corredor Wow!/3I-ATLAS se vuelve una región de interés, las estrellas cercanas dentro de la esfera de radio de 1977 se convierten en candidatas, y las trayectorias de 1I/'Oumuamua y 2I/Borisov se transforman en pistas contextuales más que en contradicciones.

Sea el patrón deliberado o coincidencia, el resultado es el mismo: ahora tenemos un conjunto de direcciones, distancias y vecindarios estelares que vale la pena vigilar.

Y eso nos lleva a la siguiente pregunta —no de dónde vinieron los visitantes pasados, sino cómo reconoceríamos al próximo. Si otro objeto o señal ya está en camino, ¿qué huellas distinguirían a un vagabundo natural de una prueba, un observador o una amenaza?

Para responder a eso, debemos pasar del origen al comportamiento. El origen nos dice dónde mirar; el comportamiento nos dice qué buscar.

El próximo capítulo aborda el desafío práctico: **¿Cómo detectamos al próximo visitante?**

Capítulo 6: Cómo detectar al próximo visitante

Paso uno: intenta escanear más del 0.0001% del cielo.

Ahora que tenemos un mapa —corredores, alineamientos y vecindarios estelares que vale la pena vigilar— el siguiente desafío es aprender a leerlo. La geometría puede decirnos de dónde podría venir un visitante, pero no puede decirnos qué es. Para eso, debemos pasar de la astrofísica al comportamiento.

Las primeras señales de una nueva llegada rara vez son dramáticas. Comienzan como irregularidades tenues en el borde de nuestros instrumentos, patrones que no encajan del todo, coincidencias que parecen un matiz demasiado intencional. Mucho antes de que un objeto revele su naturaleza, revela su lógica.

La mayoría de las personas imagina que un "visitante" se anunciaría con espectáculo: un aterrizaje, un mensaje, una revelación. Pero el universo rara vez nos habla directamente, nos da pistas. Y las primeras pistas de una nueva llegada se deslizan en los huecos entre lo que esperamos y lo que podemos explicar. Un parpadeo en una curva de luz, una trayectoria que es casi —pero no del todo— natural, una señal que aparece una vez, precisamente donde no debería, y no aparece más.

Si los capítulos anteriores nos han enseñado algo, es que el próximo visitante —sea lo que sea— no comenzará con claridad. Comenzará con ambigüedad. Y la ambigüedad es donde nuestra especie está más expuesta. Algunas anomalías se comportan como pruebas: pequeñas, deliberadas, que escalan en estructura como si alguien estuviera comprobando si estamos prestando atención. Otras se asemejan a una observación pasiva: la paciencia silenciosa de un biólogo que observa a una especie que aún no se ha dado cuenta de que está siendo estudiada. Unas pocas llevan la geometría fría del reconocimiento, el tipo de patrón que hace que los militares susurren sobre preámbulos y contingencias. Y a veces, el universo simplemente hace lo que siempre ha hecho, mientras proyectamos sobre él nuestros temores y fantasías.

El desafío, entonces, no es detectar la anomalía. Es interpretar la secuencia que le sigue. ¿Se adapta el patrón cuando reaccionamos? ¿Nos ignora por completo? ¿Regresa solo cuando la naturaleza —no la humanidad— vuelve a alinearse? ¿Escala, se sincroniza o desaparece en el instante en que lo observamos demasiado de cerca? Estas preguntas importan porque cada escenario —prueba, observación, amenaza o fenómeno natural— tiene su propia huella conductual. No en el cielo, sino en el tiempo, la estructura y la dinámica de respuesta que se despliegan después de la primera detección.

Para detectar al próximo visitante, debemos dejar de preguntar "¿Qué es?" y empezar a preguntar "¿Qué ocurre después?". Porque el próximo visitante no se revelará por su apariencia. Se revelará por su comportamiento. Y si aprendemos a leer esas señales, no solo detectaremos la próxima anomalía. Comprenderemos lo que quiere mucho antes de que nos hable.

Indicios técnicos del próximo visitante

Detectar al próximo visitante no es solo cuestión de intuición o reconocimiento de patrones. Es un desafío técnico —uno que se desarrolla en telescopios, espectrógrafos, redes de radar y receptores de radio mucho antes de llegar al conocimiento público. Antes de poder interpretar el comportamiento de un visitante, debemos entender cómo aparece por primera vez en nuestros instrumentos.

Todo objeto —natural o artificial— deja un rastro de pistas en los datos. Estas pistas caen en unas pocas categorías simples: cómo se mueve, cómo refleja la luz, de qué está hecho y cómo evoluciona con el tiempo. Estas son las huellas dactilares que los astrónomos buscan cuando algo inusual entra en el sistema solar.

En este contexto, los astrónomos también deben tener presente el concepto de *falsos positivos*: comportamientos que pueden parecer artificiales, pero que pueden explicarse completamente mediante procesos naturales. Antes de interpretar el comportamiento, debemos comprender las huellas que toda anomalía deja atrás —las pistas que aparecen en nuestros instrumentos mucho antes de aparecer en nuestra imaginación.

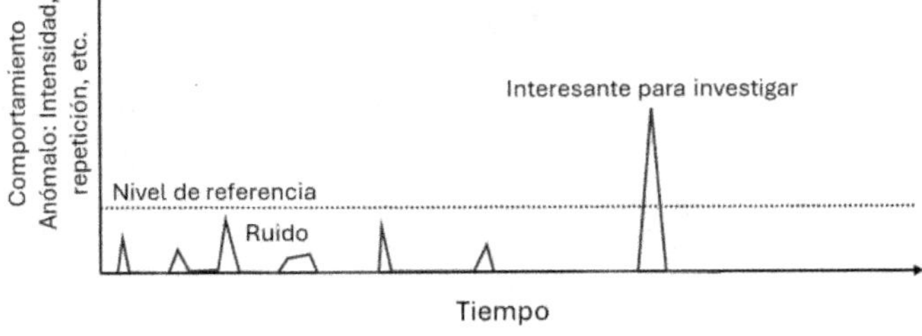

Figura 29. Antes de evaluar una señal u objeto, los astrónomos definen primero qué constituye una anomalía y qué constituye ruido

1. Movimiento — Cuando la trayectoria no parece natural

La mayoría de los objetos en el espacio siguen trayectorias previsibles moldeadas por la gravedad. Cuando algo no lo hace, destaca. Incluso pequeñas desviaciones pueden detectarse hoy. Si un objeto se mueve de un modo que parece guiado —aunque sea ligeramente— se convierte en candidato para un estudio más profundo.

Lo que buscan los astrónomos:

- Una trayectoria que no coincide con lo que la gravedad por sí sola debería producir

- Cambios diminutos en el rumbo que son demasiado suaves para ser aleatorios

- Un camino que parece "apuntado" en lugar de simplemente derivar

Falsos positivos: desgasificación cometaria, calentamiento desigual o simplemente falta de datos o datos incompletos.

2. Luz — Cuando el brillo cuenta una historia extraña

A medida que los objetos giran, caen en tumbos o cambian de orientación, su brillo sube y baja. Esto crea una "curva de luz", una especie de latido. Estos indicios pueden sugerir que el objeto rota de manera controlada —o que intenta ser visto—.

Señales inusuales incluyen:

- Cambios de brillo que se repiten con demasiada perfección
- Patrones que cambian de un modo que parece intencional
- Picos que ocurren exactamente cuando el objeto cruza la línea de visión de la Tierra

Falsos positivos: formas extrañas, tumbos caóticos o superficies irregulares.

3. Espectro — Cuando la química no encaja

Al dividir la luz en colores, los astrónomos pueden saber de qué está hecho un objeto. La mayoría de los objetos interestelares muestran hielos y minerales familiares. Nada de esto prueba artificialidad, pero sí nos hace levantar una ceja.

Señales de alerta:

- Emisiones estrechas y definidas que no coinciden con gases naturales
- Superficies reflectantes que parecen metálicas o fabricadas

- Temperaturas que no concuerdan con el tamaño del
  objeto o su distancia al Sol

Falsos positivos: hielos exóticos, erosión espacial o
peculiaridades instrumentales.

4. Radio — Cuando algo habla en un susurro estrecho

Las fuentes de radio naturales son desordenadas y amplias. Las
artificiales tienden a ser estrechas, precisas y estructuradas.
Este es el tipo de firmas que los instrumentos SETI están
diseñados para detectar.
Los astrónomos buscan:

- Un único pico de radio agudo (como la señal Wow!)

- Una señal que deriva en frecuencia como si
  compensara el movimiento

- Patrones que se repiten con pequeñas variaciones

Falsos positivos: satélites, radares, aviones o reflejos de
desechos espaciales.

5. Sincronía — Cuando el comportamiento cambia después de que lo notamos

Aquí es donde la detección se convierte en interpretación. El
tiempo suele revelar intención con más claridad que la
apariencia.

Claves temporales:

- La anomalía se vuelve más estructurada con el tiempo

- Aparece durante momentos de cambio o estrés global

- Regresa al mismo lugar o ventana orbital

- Permanece el tiempo justo para recopilar datos y luego se va

Falsos positivos: huecos de observación, efectos atmosféricos o ciclos de actividad solar.

Estas categorías simples forman la columna vertebral de cómo los astrónomos identifican objetos inusuales y ayudan a separar la naturaleza de ruido, las coincidencias de los patrones y en última instancia, las rocas errantes de posibles visitantes deliberados.

Y una vez que entendemos las pistas técnicas, podemos pasar a la pregunta más profunda: **¿Qué tipo de visitante tenemos delante?**

Con estas herramientas en mano, podemos pasar ahora a la lógica conductual que define cada escenario —los patrones que revelan no solo qué es un visitante, sino qué quiere.

Tabla 9. Indicios técnicos de un posible visitante futuro

Indicio	Lo que significa	Parecidos naturales
Movimiento	Comportamiento no gravitacional	Desgasificación, datos deficientes
Luz	Patrones de brillo estructurados	Tumbos, forma del objeto
Espectro	Química inusual	Hielos exóticos
Radio	Picos de banda estrecha	Satélites
Sincronía	Escalación o revisitación	Cadencia de observación

Cuatro escenarios y las señales que importan

Antes de poder interpretar cualquier anomalía en el cielo o cualquier susurro de una señal proveniente de más allá, necesitamos un marco: una forma de clasificar lo desconocido en patrones que realmente signifiquen algo. No todo evento extraño apunta al mismo tipo de visitante, y no todo visitante se comporta con la misma lógica o intención. El universo habla en comportamientos, no en declaraciones, y esos comportamientos caen en unos pocos arquetipos reconocibles.

Los cuatro escenarios siguientes —y las señales que los distinguen— ofrecen una guía práctica para leer la próxima anomalía no como un misterio, sino como un mensaje sobre qué tipo de inteligencia, si es que existe alguna, podría estar detrás de ellos.

Escenario 1: Prueba preparatoria para un primer contacto — una prueba que se revela a través de la adaptación

Si una civilización estuviera preparándose para un primer contacto, las primeras señales no se parecerían a la diplomacia. Se parecerían a una calibración: no un mensaje, no un aterrizaje. Serían una secuencia de pequeñas anomalías deliberadas, cada una diseñada para medir algo sobre nosotros. En este escenario, el universo se comporta como un maestro que golpea suavemente el pizarrón para comprobar si la clase está despierta antes de comenzar la lección.

En la naturaleza, las pruebas preparatorias están por todas partes una vez que sabemos cómo buscarlas. Los delfines, por ejemplo, envían un solo clic exploratorio hacia un objeto desconocido, esperan el eco y luego ajustan su aproximación según lo que aprenden —cada pasada ligeramente más estructurada que la anterior. Los cuervos hacen lo mismo con los humanos: dejan caer una piedrita, observan nuestra reacción y luego repiten el gesto con variaciones sutiles para mapear nuestras intenciones. Incluso nosotros actuamos así. Antes de acercarse a un animal nervioso, un biólogo de campo puede cambiar su posición, toser suavemente o golpear una rama: señales pequeñas y no amenazantes diseñadas para probar atención, tolerancia y curiosidad. En todos los casos, el primer contacto no es un saludo. Es una calibración. Y esa misma lógica podría ser el modelo más natural para cómo una inteligencia avanzada se acercaría a nosotros.

En este contexto, las primeras pistas serían sutiles: un patrón que se repite lo justo para ser sospechoso, pero no lo suficiente para ser concluyente. Una señal que aparece en el límite de nuestro umbral de detección, como si alguien estuviera probando los límites de nuestros instrumentos. Una revisita a un lugar que no tiene valor estratégico excepto uno: lo notamos la vez anterior.

Estas pruebas no escalarían en amenaza. Escalarían en **estructura**. Un pulso simple se convierte en una secuencia temporizada. Una secuencia temporizada se convierte en un patrón geométrico. Un patrón geométrico se convierte en un comportamiento que se adapta a nuestro escrutinio.

Este es el sello de una prueba preparatoria: **la anomalía aprende**.

Si la ignoramos, se vuelve ligeramente más obvia. Si la investigamos, cambia —sin retirarse, sin confrontar, solo ajustando los parámetros del experimento. Se comporta como algo que quiere entender cómo entendemos.

Y los siguientes eventos seguirían un ritmo reconocible:

- **Repetición con variación**: el mismo fenómeno regresando con un giro nuevo, como si probara una variable distinta.

- **Curiosidad dirigida**: breves interacciones con nuestros sistemas de comunicación, no para interrumpirlos sino para ver cómo respondemos a un estímulo inesperado.

- **Agrupamiento espacial o temporal**: revisitas a las mismas coordenadas o a las mismas ventanas orbitales, como si cartografiara nuestros hábitos de observación.

- **Coherencia creciente**: el azar cediendo paso a la intención, pero una intención sin agresión.

El efecto psicológico es inquietante: nos sentimos observados pero no amenazados. Estudiados, pero no cazados. Es la sensación de ser evaluados por algo que no es hostil ni indiferente —algo que simplemente se está preparando—.

En este escenario, la pregunta no es "¿Qué es?". La pregunta es **"¿Qué está intentando aprender sobre nosotros?"**. Porque las pruebas preparatorias no consisten en que ellos se revelen. Consisten en que nosotros nos revelemos. Y el próximo visitante —si este es el camino que eligen— llegará solo después de haber cartografiado no nuestro planeta, sino nuestro *perfil conductual*. Las pruebas no son un preludio al contacto, *ellas son el contacto* — solo que no la parte que esperábamos.

Imaginemos un nuevo objeto interestelar entrando en el sistema solar; algo con el perfil modesto de un cometa o asteroide, pero con una trayectoria que se siente apenas demasiado intencional. Al principio, se comporta como cualquier otro visitante interestelar: rápido, tenue y en una trayectoria hiperbólica que sugiere que pasará de largo para no volver jamás.

Pero entonces el patrón cambia.

En lugar de continuar un arco de salida limpio, el objeto realiza un microajuste, una corrección diminuta de rumbo que es demasiado suave para ser desgasificación y demasiado sutil para ser propulsión. No lo suficiente para alarmar a nadie, pero sí para sugerir que el objeto no está simplemente derivando. Está *muestreando*.

A medida que se acerca al sistema solar interior, el objeto comienza a mostrar un comportamiento que los astrónomos no pueden categorizar del todo: alineamientos repetidos y temporizados con la línea de visión de la Tierra. No son acercamientos, no son maniobras, solo momentos en los que su orientación o su firma reflectiva cambia de un modo que maximiza su detectabilidad. Es como si el objeto estuviera comprobando si lo estamos observando, y si es así, qué tan bien.

Luego llega la segunda fase: **variación estructurada**.

Durante varias semanas, el objeto emite destellos débiles y periódicos —no lo bastante brillantes para ser un faro, no lo bastante complejos para ser un mensaje—. Pero la temporización cambia ligeramente en cada ciclo, como si probara nuestra capacidad para distinguir patrón de ruido. Los destellos no codifican información. Codifican **intencionalidad**.

Cuando apuntamos más instrumentos hacia él, el objeto responde —no acercándose, sino ajustando su velocidad de rotación lo justo para revelar nuevas características espectrales. No está comunicándose. Está calibrando. Está aprendiendo qué longitudes de onda monitoreamos, qué sensibilidades poseemos y qué tan rápido notamos los cambios.

Y luego, tan silenciosamente como llegó, el objeto retoma una trayectoria de salida que parece natural. Sin mensaje. Sin aterrizaje. Sin contacto.

Pero deja atrás un rastro de datos —datos sobre nosotros—.

Qué tan rápido lo detectamos. Qué tan precisamente lo seguimos. Cómo respondieron nuestros sistemas a variaciones sutiles. Cómo interpretó la comunidad científica la anomalía.

En este escenario, el comportamiento del objeto no es reconocimiento ni observación. Es **evaluación**.

Una prueba de nuestro ancho de banda perceptual, nuestra disciplina interpretativa y nuestra madurez tecnológica. Una forma de determinar si estamos listos —no para una conversación, sino para la posibilidad de una. El primer contacto aún no ha ocurrido.

Pero el preludio sí.

Figura 30. Antes de un primer contacto entre civilizaciones, existen señales e indicios de intención que debemos aprender a identificar

Escenario 2: Observación pasiva — un observador se revela a través de la indiferencia

Si las pruebas preparatorias se sienten como alguien tocando el vidrio, la observación pasiva se siente como alguien de pie en el umbral—presente, paciente y completamente desinteresado en anunciarse. En este escenario, el visitante no nos está probando. Nos está observando del mismo modo en que un investigador de campo observa un ecosistema complejo: con distancia, contención y una falta de interferencia casi inquietante.

La primera señal de observación pasiva es la **persistencia sin escalación**. Un objeto o señal aparece, mantiene una posición y simplemente... permanece. Sin acercarse, sin retirarse, sin adaptarse a nuestra atención. Se comporta como algo que ya ha decidido su distancia respecto a nosotros y no ve razón para cambiarla.

Esto es lo opuesto a la curiosidad. Es **evaluación**.

En la naturaleza, este comportamiento es común entre especies inteligentes que quieren información sin involucrarse. Un lobo puede observar un campamento humano desde el límite del bosque durante horas, inmóvil, esperando comprender patrones antes de decidir si acercarse o desaparecer. Los elefantes observan a los investigadores desde una distancia segura, siguiendo sus rutinas durante días o semanas. Incluso nosotros hacemos lo mismo: satélites orbitando un planeta, drones sobrevolando rutas migratorias, científicos observando primates desde escondites diseñados para ser invisibles.

La lógica es siempre la misma: **observar sin influir, aprender sin darse a notar.**

Si una inteligencia avanzada hiciera lo mismo con nosotros, los siguientes eventos seguirían un patrón reconocible:

- **Estacionamiento prolongado:** Un objeto que mantiene una posición estable en órbita alta o en el espacio profundo, sin acercarse ni alejarse, se comporta como un satélite sin una misión específica. Los cuerpos naturales van a la deriva, las naves humanas maniobran. Pero un observador mantiene su lugar, a veces durante meses o años, como si recopilara un conjunto de datos longitudinales sobre una especie que aún no sabe que está siendo estudiada.

- **No interferencia:** Un observador pasivo evita el enredo. No bloquea nuestras señales, no interrumpe nuestros satélites, no altera su comportamiento cuando apuntamos telescopios hacia él. Este es el sello de un vigilante: actúa como si nuestra atención fuera irrelevante. Incluso cuando le transmitimos directamente—pulsos de radio, láseres, mensajes codificados—permanece en silencio. No porque no pueda responder, sino porque responder contaminaría la observación.

- **Patrones de sincronía:** Los observadores pasivos tienden a aparecer durante transiciones más que durante eventos. Se agrupan en momentos en que una especie está cambiando: saltos tecnológicos, puntos de inflexión ambientales, inestabilidad geopolítica. No porque pretendan intervenir, sino porque las transiciones revelan más sobre la trayectoria de una civilización que los períodos de estabilidad. Una especie bajo estrés muestra su verdadera naturaleza.

- **Consistencia espectral:** Un observador pasivo podría emitir una firma tenue y estable—térmica, radioeléctrica o reflectiva—que no coincide con objetos naturales conocidos. No un faro, no un mensaje, solo la huella inevitable de un dispositivo o nave que no intenta ocultarse, pero tampoco intenta ser encontrada. Algo que irradia lo suficiente para existir, pero no lo suficiente para comunicar.

- **Ausencia de adaptación:** Esta es la señal más clara de todas. Un fenómeno natural no se adapta, una amenaza escala, una prueba evoluciona. Pero un observador pasivo permanece inmutable. Ya sea que entremos en pánico, lo ignoremos o intentemos contactarlo, su comportamiento permanece constante. Es el equivalente cósmico de un investigador detrás de un espejo unidireccional, tomando notas mientras los sujetos discuten sobre lo que significa el espejo.

El efecto psicológico es sutil pero profundo. A diferencia de una amenaza, que provoca miedo, o de una prueba, que provoca curiosidad, la observación pasiva provoca una especie de inquietud existencial. Percibimos presencia sin intención. Inteligencia sin agenda. Es la sensación de estar incluidos en el conjunto de datos de alguien más.

En este escenario, la pregunta no es "¿Qué quieren de nosotros?" Es **"¿Qué quieren aprender sobre nosotros?"**

Porque los observadores pasivos no intervienen. No advierten, no guían, simplemente observan; y la observación misma es el mensaje: somos interesantes, pero aún no relevantes. Importamos, pero no lo suficiente como para interactuar.

Imaginemos un nuevo objeto interestelar entrando en el sistema solar—rápido, tenue y poco notable a primera vista. Los astrónomos lo catalogan como otro cometa, un transeúnte cósmico sin razón para quedarse. Pero al acercarse al sistema interior, algo en su comportamiento se siente... deliberado, aunque no de un modo que sugiera comunicación o amenaza.

El objeto se instala en una trayectoria alta y estable, sin acercarse a la Tierra, sin alterar su curso, simplemente manteniendo una posición que maximiza su punto de observación. Se comporta como un satélite sin perfil de misión: sin maniobras, sin señales, sin intentos de ocultarse. Solo presencia, una presencia silenciosa y constante.

Cuando apuntamos telescopios hacia él, nada cambia. Sin variación en la rotación. Sin cambios espectrales. Sin intento de responder o evadir. Se comporta exactamente igual, lo ignoremos o lo escrutemos. Esta es la primera señal de observación pasiva: nuestra atención no tiene efecto. Con el paso de semanas o meses, los astrónomos notan un patrón. Los acercamientos más próximos del objeto coinciden no con la mecánica orbital aleatoria, sino con momentos de transición en la Tierra: grandes eventos atmosféricos, picos en el uso global de energía, ráfagas de tráfico radial, inestabilidad geopolítica. No está reaccionando a estos eventos; simplemente está presente durante ellos, como si recopilara datos a largo plazo sobre cómo se comporta una especie tecnológica bajo estrés.

Un objeto natural derivaría. Un objeto amenazante se posicionaría. Pero este simplemente observa. Su huella espectral permanece tenue y estable, emisiones térmicas consistentes con un cuerpo frío e inerte, pero extrañamente uniformes, como si estuviera diseñado para ser detectable pero poco informativo. No emite nada que se parezca a un mensaje. No realiza maniobras que se parezcan a reconocimiento. Solo mantiene su distancia, como un investigador detrás de un espejo unidireccional.

Incluso cuando intentamos contactarlo—pulsos de radio, láseres, mensajes codificados—el objeto permanece en silencio.

No evasivo. No receptivo. Solo silencioso. El silencio mismo se convierte en un mensaje: **la interacción no es el objetivo**.

Y luego, tras un período de estacionamiento silencioso, el objeto parte en una trayectoria que parece completamente natural. Sin aceleración, sin correcciones de rumbo, sin indicaciones de propulsión. Simplemente se va tal como llegó—silenciosamente, pacientemente, sin revelar nada sobre su origen o propósito. En este escenario, el comportamiento del objeto no es una prueba ni una amenaza. Es **observación pasiva a largo plazo**. Una forma de recopilar datos sin influir en el sujeto. Una forma de entendernos sin involucrarse. El visitante nunca habla, nunca se acerca, nunca se adapta. Simplemente observa, y se va. Lo inquietante no es lo que hace. Es lo que **elige no hacer**.

Figura 31. Un observador pasivo se comportaría como nuestras propias sondas espaciales: tomando mediciones, analizando, evaluando y recopilando datos, sin interferir

Escenario 3: Preámbulo de una amenaza — una amenaza se revela a través de la preparación

Si las pruebas preparatorias se sienten curiosas y la observación pasiva se siente paciente, un preámbulo de amenaza se percibe distinto desde el primer instante. Lleva una geometría de intención: fría, eficiente y claramente orientada a un objetivo. Nada en él es exploratorio. Nada es adaptativo en el sentido de aprender de nosotros. En cambio, el comportamiento se despliega con la quieta inevitabilidad de un plan ya en marcha.

Las primeras señales de una amenaza no son dramáticas. Son **sistémicas**.

Una red de radar que queda ciega durante sesenta segundos, pero solo en una dirección, un satélite que pierde telemetría, pero solo al pasar sobre una región específica, un conjunto de sensores que fallan simultáneamente en varios continentes, como si alguien estuviera cartografiando las costuras de nuestra percepción.

Los fallos naturales son aleatorios. Los errores humanos son desordenados. Pero un preámbulo de amenaza es **coordinado**: lo bastante preciso para ser sospechoso, lo bastante sutil para ser negable.

En la naturaleza, los depredadores actúan así mucho antes del ataque. Un león no ruge antes de cazar; prueba el viento, rodea la manada e identifica el punto más débil. Las orcas desorientan a una ballena antes de acercarse. Incluso los humanos lo hacemos: drones de reconocimiento barren un campo de batalla mucho antes de que lleguen los soldados.

El patrón es universal: **antes de cualquier acción decisiva, un agresor inteligente moldea el entorno a su favor**.

Si una inteligencia avanzada estuviera preparando algo más que observación, los siguientes eventos seguirían un patrón inquietantemente consistente:

- **Ceguera selectiva:** interrupciones dirigidas a nuestras capacidades de detección, no a nuestra infraestructura. El objetivo no es dañar; es volvernos opacos.

- **Mapeo de recursos:** pasadas repetidas sobre redes energéticas, sistemas de agua, activos orbitales y centros poblacionales. No aleatorio. No curioso. Estratégico.

- **Anomalías sincronizadas:** eventos que ocurren en múltiples lugares a la vez, más allá de la capacidad de fenómenos naturales o de la coordinación humana.

- **Proximidad creciente:** objetos que se acercan con cada aparición, no para comunicarse, sino para posicionarse.

- **Indiferencia a nuestra reacción:** el marcador más claro. Si enviamos cazas, si transmitimos mensajes, si intentamos rastrearlos, el comportamiento no cambia. Una amenaza, en este marco especulativo, no negocia, procede.

A diferencia de las pruebas, que nos hacen sentir estudiados, o de la observación, que nos hace sentir vigilados, un preámbulo de amenaza nos hace sentir **superados**. Crea la sensación de que los acontecimientos se desarrollan según una lógica de la que no formamos parte—y que no podemos influir.

En este escenario, la pregunta no es "¿Qué quieren?". **Es "¿Cuánto tiempo llevan preparándose?"**

Porque una amenaza rara vez se anuncia con un único momento dramático. Se anuncia mediante patrones, que revelan no curiosidad, ni paciencia, sino preparación para una acción decisiva. Y cuando reconocemos esos patrones, el visitante ya no está acercándose, sino que *ya está aquí.*

Si un visitante interestelar —o incluso un objeto silencioso y errante como un futuro 3I/ATLAS— formara parte de un preámbulo de amenaza, su comportamiento no se parecería a la curiosidad ni a la observación. Se parecería al **posicionamiento**. Una amenaza, en este marco especulativo, no exploraría. **Se prepararía.**

La primera señal sería una trayectoria demasiado precisa para ser natural, pero demasiado contenida para ser comunicativa. Un visitante amenazante no zigzaguearía, no emitiría pulsos, no probaría. Seguiría un camino optimizado para el tiempo, la geometría y la ventaja.

En la naturaleza, los depredadores no desperdician movimiento. Se aproximan por vectores que minimizan la detección y maximizan la ventaja. Un león no avanza al azar hacia una manada; se acerca desde donde el viento no lleva su olor. Un halcón no se lanza hasta que su sombra queda detrás de la presa. **Una amenaza es eficiente mucho antes de ser visible.**

Un objeto que actuara como amenaza mostraría esta misma lógica. En lugar de una trayectoria caótica tipo cometa, podría exhibir **microajustes**: pequeñas correcciones que no coinciden con desgasificación ni con perturbaciones gravitatorias. No lo suficiente para anunciar intención, pero sí para sugerir control. Suficiente para sugerir que el objeto no está simplemente pasando, sino **llegando**.

El segundo marcador sería el **mapeo**. Una inteligencia amenazante no necesita entender nuestra cultura o psicología. Necesita entender nuestras vulnerabilidades. Eso implica pasadas repetidas sobre infraestructura orbital, redes energéticas, centros de comunicación, sistemas de agua y centros poblacionales. No para observarnos, sino para catalogar la arquitectura de nuestra civilización.

En el reino animal, los lobos rodean una manada no para aprender sus costumbres, sino para identificar el flanco débil. Las orcas prueban las defensas de una ballena empujándola, no estudiándola.
La lógica es universal: **antes de atacar, se mapea.**

Una señal amenazante actuaría de manera similar. No sería un mensaje, sería un escaneo. Un estallido de energía de banda ancha que barre frecuencias, no para comunicarse sino para medir. Una señal que se repite no para decir algo, sino para refinar un modelo de nuestro entorno electromagnético. Una amenaza no pregunta: "¿Puedes oírme?". Pregunta: **"¿Cómo responden tus sistemas cuando hago esto?"**

El tercer marcador es la **indiferencia**. En un escenario de amenaza, la adaptación a nuestras reacciones podría ser mínima, porque nuestras respuestas serían irrelevantes para su plan.
Si transmitimos, permanece en silencio. Si enviamos cazas, no altera su curso. Si lo rastreamos, no evade. Esta es la huella más

inquietante: un visitante que actúa como si ya nos hubiera incorporado a su ecuación.

Y finalmente, está la **sincronización**. Una sola anomalía puede ser cualquier cosa. Pero múltiples anomalías—temporizadas, coordinadas, distribuidas geográficamente—indican intención. Los fenómenos naturales no se sincronizan entre continentes. Los ejércitos humanos apenas pueden hacerlo. Pero una amenaza con capacidad superior trataría la sincronización como trivial. El patrón se sentiría como una sombra que pasa sobre el mundo, no en un lugar, sino en muchos.

En este escenario, un nuevo visitante interestelar no se anunciaría con agresión. Se anunciaría con **preparación**. No por lo que hace, sino por lo que hace posible. El comportamiento se sentiría menos como un visitante llegando y más como una posición siendo tomada. Una amenaza, en este marco especulativo, no se revelaría atacando. Se revelaría **moldeando el entorno para que un ataque sea posible**.

Figura 32. El primer contacto entre civilizaciones, históricamente, rara vez resulta en un encuentro amistoso. Y los resultados son peores para el lado con el menor desarrollo tecnológico.

Fenómenos naturales — la naturaleza se revela a través de la repetición

No toda luz extraña en el cielo ni toda señal anómala proveniente del espacio profundo es un visitante. Algunas son simplemente el universo comportándose como siempre lo ha hecho: indiferente, cíclico y mucho más complejo de lo que nuestros instrumentos o expectativas pueden interpretar con facilidad. En este escenario, el misterio no proviene de una inteligencia allá afuera, sino de los límites de nuestra comprensión aquí.

175

Los fenómenos naturales tienen una huella fácil identificar. Una señal repetitiva, un estallido repentino de energía. un objeto rápido en una trayectoria inusual. Pero todo lo anterior es predictivo de acuerdo con nuestros modelos físicos.

La naturaleza tiene sus propios ritmos, y muchos de ellos imitan las primeras etapas de un contacto simplemente porque evolucionamos para interpretar la ambigüedad como agencia.

El primer sello de un fenómeno natural es la recurrencia ligada a ciclos ambientales. Tormentas solares, lentes atmosféricas, perturbaciones geomagnéticas, formaciones de plasma e interacciones gravitatorias producen patrones que parecen significativos pero están impulsados por la física, no por un propósito. Regresan cuando vuelven las condiciones naturales necesarias para su causa. Desaparecen cuando el entorno cambia, no escalan, no se adaptan.

En la naturaleza, esto es común. Las floraciones bioluminiscentes pulsan en ondas rítmicas que parecieran comunicación. Las aves migratorias forman patrones geométricos que recuerdan un vuelo coordinado. Incluso el océano profundo produce firmas acústicas repetitivas que alguna vez engañaron a investigadores haciéndoles creer que habían descubierto una inteligencia desconocida. El universo está lleno de comportamientos que parecen intencionales pero son simplemente emergentes.

Si una anomalía es natural, los siguientes eventos seguirán una lógica predecible:

- **Sin respuesta a la atención** — apuntar más instrumentos no cambia su comportamiento.

- **Sin refinamiento estructural** — el patrón no se vuelve más complejo; permanece exactamente igual.

- **Correlación ambiental** — el fenómeno aparece durante máximos solares, inversiones atmosféricas, tormentas geomagnéticas o ciclos estacionales.

- **Interpretaciones humanas inconsistentes** — científicos, militares y público ven cosas distintas porque los datos son ambiguos, no porque el fenómeno sea inteligente.

- **Artefactos de sensores** — fallos, reflejos, clasificaciones algorítmicas erróneas o errores de calibración que crean la ilusión de intención.

A diferencia de una prueba, que nos hace sentir observados, o de una amenaza, que nos hace sentir vulnerables, los fenómenos naturales nos hacen sentir **inciertos**. Exponen la brecha entre lo que podemos detectar y lo que podemos comprender. Nos recuerdan que el universo no está obligado a ser simple, y que nuestros instrumentos no son ventanas perfectas sino filtros imperfectos.

En este escenario, la pregunta es **"¿Qué estamos proyectando sobre esto?"**

Porque a veces el próximo visitante no es un visitante en absoluto. Es un espejo —uno que refleja nuestras esperanzas, miedos y suposiciones a través de la maquinaria indiferente de la naturaleza.

Figura 33. Un fenómeno natural no hace que las observaciones sean menos interesantes. Al contrario, nos ofrece una oportunidad para reflexionar, seguir avanzando como civilización y mantener viva la pregunta: ¿y si...?

Cada escenario tiene su propia lógica, su propio ritmo, sus propias huellas. Pero detectar al próximo visitante es solo la mitad del desafío. La pregunta más difícil —la que definirá nuestro futuro— es cómo elegimos responder. ¿Entramos en pánico? ¿Nos coordinamos? ¿Escalamos? ¿Esperamos? El próximo capítulo aborda esa pregunta, porque la detección es solo el comienzo. Lo que hagamos después determinará si enfrentamos lo desconocido como una especie fracturada o como una civilización preparada para mirar al cosmos de frente.

Capítulo 7: ¿Cómo deberíamos responder?

¿Qué ondaaaaa?

En medio de toda esta especulación científica —y sin importar cuán probable sea cada escenario— ahora enfrentamos una pregunta más profunda y mucho más difícil, **si ese momento llega alguna vez: ¿cómo deberíamos responder?** La detección es técnica, la interpretación es analítica. Pero la respuesta es algo completamente distinto. Es psicológica, política, ética y civilizacional. El próximo visitante, sea lo que sea, no solo pondrá a prueba nuestros instrumentos. Nos pondrá a prueba a nosotros. Y la forma en que nos comportemos en ese instante revelará más sobre la humanidad que cualquier anomalía.

El efecto espejo

Cuando comprendemos que estamos siendo observados, algo fundamental cambia. Nuestro comportamiento se convierte en una actuación. Cada reacción se vuelve simultáneamente genuina y simbólica. Este es el efecto espejo de la observación: la presencia de un observador obliga al observado a verse a sí mismo e indagarse más a fondo.

Las civilizaciones no son diferentes. Si una inteligencia externa nos está catalogando, entonces cada pánico, cada negación, cada estallido de curiosidad, cada momento de cooperación pasa a formar parte del registro. No necesitan intervenir. Nuestro propio comportamiento revela quiénes somos.

Ya sea que estos eventos sean coincidencias naturales, pruebas deliberadas, observaciones pasivas o los primeros temblores de algo más profundo, nos obligan a enfrentar una verdad mayor: si el universo nos está observando, entonces **nuestra conducta importa**.

Y esa verdad tiene dos dimensiones. Primero, cómo debería responder una civilización sabia ante eventos interestelares ambiguos cuando las intenciones son desconocidas. Y segundo, cómo puede la humanidad elevar su madurez a lo largo de los seis ejes conductuales que definen nuestra preparación para el contacto: miedo, escepticismo, coordinación, curiosidad, agresión y ética.

Este capítulo explora ambos lados de esa verdad. Primero, cómo debería responder una civilización sabia ante eventos interestelares ambiguos cuando las intenciones son desconocidas.

Y segundo, cómo puede la humanidad elevar su madurez a lo largo de los seis ejes conductuales que definen nuestra preparación para el contacto: miedo, escepticismo, coordinación, curiosidad, agresión y ética.

Juntos, estos hilos forman una sola narrativa: el camino que lleva de una especie reactiva a una civilización digna de ser abordada.

Figura 34. El efecto espejo: la sensación de ser observados nos obliga a vernos a nosotros mismos con mayor detalle

La psicología de ser observados

El efecto espejo no es solo una metáfora. Es un fenómeno psicológico medible. A lo largo de décadas de investigación conductual, un hallazgo aparece una y otra vez: **los seres humanos se comportan de manera distinta cuando creen que están siendo observados**. No de forma sutil, sino dramática.

Una de las demostraciones más famosas provino de un experimento sencillo en la Universidad de Newcastle. Los investigadores colocaron un pequeño póster sobre la estación de café de una oficina: a veces una imagen de flores, a veces un par de ojos. Nada más cambió. Sin reglas. Sin recordatorios. Sin supervisión. El resultado fue asombroso: cuando el póster mostraba ojos, las contribuciones a la caja de honestidad se triplicaron. No porque alguien estuviera realmente mirando, sino porque **parecía** que alguien podría estarlo.

Este efecto se ha replicado en docenas de contextos:

- Las personas hacen menos trampa en exámenes cuando una imagen estilizada de ojos está impresa en la pared.

- Ensucian menos cuando hay una cámara —incluso una falsa— presente.

- Se comportan con mayor generosidad cuando sienten que hay una audiencia.

- Actúan de manera más cooperativa cuando creen que sus acciones están siendo registradas.

El mecanismo es simple: ser observados activa la parte de nosotros que quiere ser vista como nuestra mejor versión. Y si esto es cierto para los individuos, casi con certeza también lo es para las civilizaciones.

Si la humanidad sospecha que está siendo observada —por sondas, por inteligencias distantes o simplemente por el futuro— nuestro comportamiento cambia. Nos volvemos más deliberados. más cautelosos, más simbólicos. Empezamos a actuar no solo para nosotros mismos, sino para la versión de nosotros que esperamos que otros vean. Esto no es paranoia, es aspiración. Es el reconocimiento de que nuestras acciones forman parte de una historia más amplia —una que podría ser leída por mentes distintas a la nuestra.

Y aquí es donde el efecto espejo deja de ser psicología y se convierte en un camino. Porque los mismos instintos que hacen que los individuos se comporten mejor cuando son observados pueden hacer que las civilizaciones se comporten mejor cuando creen que forman parte de algo más grande. La presencia de un observador —real o imaginado— puede acelerar nuestra madurez. Puede empujarnos hacia la versión de nosotros que queremos ser, no hacia la versión a la que tendemos bajo estrés.

En este sentido, la posibilidad de ser observados no es una amenaza. Es una oportunidad: una oportunidad para elevarnos, para crecer, para convertirnos en el tipo de especie que merece ser vista.

Cómo responder con sabiduría

Cuando aparece una anomalía —una señal extraña, un objeto interestelar, una coincidencia demasiado precisa para ignorar— la reacción de la humanidad no es meramente científica. Es psicológica, política, cultural y existencial. Una civilización sabia entiende que su primera respuesta es también su primer mensaje, y ese mensaje no se envía a la anomalía: **se envía a sí misma.**

A lo largo de los ejes conductuales descritos antes, una respuesta madura sigue unos principios simples:

- **Evitar el pánico.** El miedo nubla el juicio. Si sondas o visitantes estuvieran aquí, podrían haber estado aquí durante años. No están atacando. No están interfiriendo. Están observando. Eso significa que tenemos tiempo: tiempo para pensar, para medir, para responder con claridad en lugar de con reflejos.

- **Evitar la provocación.** Si encontraras una cámara en un bosque, destruirla podría sentirse satisfactorio, pero revelaría más sobre ti que sobre quien la colocó. Lo mismo ocurre a escala planetaria. Una respuesta calmada y medida señala madurez; una hostil señala inestabilidad e imprevisibilidad.

- **Observar con cuidado.** Rastrear objetos inusuales, medir sus trayectorias, comparar su comportamiento con el de escombros naturales. Compartir datos abiertamente para que ningún grupo controle la narrativa. Cuantos más ojos tengamos en el cielo, más difícil será que las anomalías pasen desapercibidas —y más difícil será que el miedo llene los vacíos.

- **Hablar con una sola voz.** Si se encuentra algo verdaderamente inusual, la humanidad debería responder unida. Eso implica cooperación internacional, protocolos compartidos y pasos acordados. Una respuesta dispersa y caótica nos hace ver desorganizados. Una respuesta unificada y reflexiva nos hace ver como una civilización digna de contacto.

- **El silencio puede ser una estrategia.** La señal ¡Wow! demostró que podíamos escuchar, pero no respondimos. Ese silencio pudo haber sido nuestro primer acto de sabiduría. El silencio no es ignorancia; es cautela. Si las sondas están escuchando, el silencio les dice que somos conscientes, pero no temerarios. Nos compra tiempo.

- **Dar espacio a la incertidumbre.** Una civilización sabia no se apresura a etiquetar lo desconocido como amenaza, salvación o ficción. Resiste el impulso de colapsar la ambigüedad en miedo o fantasía. Trata la incertidumbre como una condición de trabajo, no como una crisis.

- **Prepararse sin escalar.** La preparación no es paranoia. La fortaleza no es agresión. Una civilización sabia construye resiliencia —informacional, política, científica— sin convertir lo desconocido en un enemigo.

Una especie madura respondería con sabiduría, ya sea que la anomalía sea una prueba, una observación, una amenaza o simplemente la naturaleza comportándose de forma extraña. Porque las intenciones detrás de estos eventos pueden ser desconocidas, pero las intenciones detrás de nuestra respuesta no lo son. **Son nuestras para elegir.**

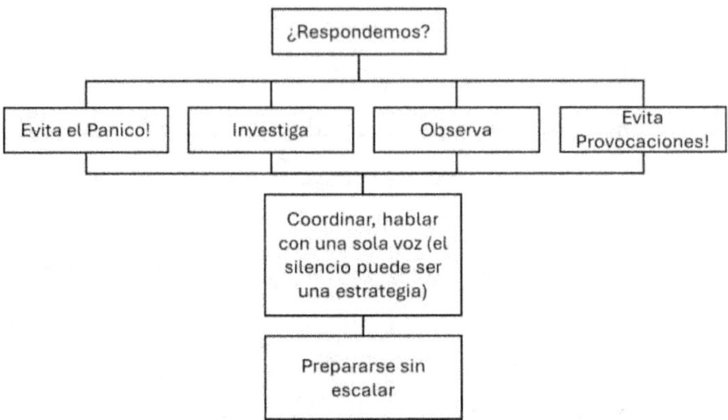

Figura 35. Una ilustración simplificada de un árbol de decisión para responder a un evento. La preparación bajo incertidumbre es un proceso complejo que exige madurez. La coordinación y la capacidad de evitar el pánico y la escalación son los mayores desafíos

Escenario 1: Si estos eventos nos están preparando para un primer contacto— nuestra tarea es demostrar que estamos listos

En esta interpretación, la Señal Wow! se convierte en un toque en la puerta, 1I/'Oumuamua en una mirada fugaz, 2I/Borisov en una referencia de lo que parece "normal", y 3I/ATLAS en una prueba de nuestra disciplina interpretativa. Lo que venga después puede depender, en parte, de cómo reaccionamos ante lo que vino antes.

Si estos eventos son pasos preparatorios hacia un primer contacto, la pregunta ya no es si estamos solos; pasa a ser: **¿Cómo se comporta una civilización sabia cuando sospecha que está siendo observada, evaluada o invitada a una conversación más amplia?**

Una civilización sabia evita proyectar sus miedos o fantasías sobre lo desconocido. No asume hostilidad solo porque las intenciones no están claras, ni salta de inmediato a la hermandad cósmica. En cambio, se mantiene en el punto medio: curiosidad serena, humildad disciplinada y contención interpretativa. Reconoce que la primera prueba de preparación no es la sofisticación tecnológica, sino la estabilidad emocional.

Una civilización sabia trataría cada anomalía como una oportunidad para demostrar madurez en lugar de inseguridad. Fomentaría que los científicos investiguen sin estigma, que las instituciones comuniquen sin secretismo y que el público participe sin histeria. Cultivaría una cultura en la que lo desconocido no sea una amenaza, sino un maestro: un estímulo para el crecimiento, no un detonante del miedo.

Una civilización sabia priorizaría la unidad sobre la competencia. Trataría las anomalías cósmicas como rompecabezas compartidos, no como activos geopolíticos. Resistiría el instinto de acaparar datos por ventaja nacional y, en su lugar, construiría marcos globales para una investigación transparente y colaborativa. Reconocería que el primer mensaje que enviamos al cosmos no está codificado en ondas de radio, sino en cómo nos tratamos entre nosotros cuando el universo nos sorprende.

En este escenario, los observadores no buscan perfección, buscan potencial: señales de que la humanidad puede crecer hasta convertirse en una civilización capaz de participar en una comunidad cósmica más amplia sin desestabilizarse a sí misma ni a otros. Buscan evidencia de que podemos responder a lo desconocido con curiosidad en lugar de pánico, con coordinación en lugar de fragmentación, con contención en lugar de agresión, con ética en lugar de conveniencia.

Una civilización sabia trataría cada anomalía como un ensayo —no para la guerra, sino para el diálogo; no para la defensa, sino para la comprensión. Se preguntaría: *¿Qué dice nuestra respuesta sobre nosotros? ¿Qué inferiría una inteligencia externa a partir de nuestro comportamiento? ¿Qué versión de la humanidad estamos presentando al universo?*

Si estos eventos nos están preparando para un primer contacto, la pregunta más importante no es "¿Qué están haciendo ellos?", sino "¿En qué nos estamos convirtiendo nosotros?". Porque el contacto no es simplemente un encuentro entre especies, es un encuentro entre niveles de madurez.

Y la preparación no está ocurriendo afuera, está ocurriendo aquí mismo —en nuestras instituciones, en nuestro discurso, en nuestra cultura científica, en nuestros sistemas políticos, en nuestra ética y en nuestra imaginación colectiva. El universo puede estar poniéndonos a prueba, pero la verdadera prueba es si elegimos crecer. Si lo hacemos —si nos convertimos en una civilización capaz de enfrentar lo desconocido con claridad, humildad y unidad— entonces lo que venga después no nos encontrará desprevenidos. Nos encontrará convirtiéndonos en el tipo de especie que está lista para ser encontrada.

Figura 36. Si alguna vez nos encontramos en la necesidad de prepararnos para un primer contacto, debemos asegurarnos de ser una especie lista para ser encontrada y digna de ser encontrada.

Escenario 2: Si estos eventos son observación pasiva —nuestra tarea es comportarnos como deseamos ser vistos

Si las anomalías que hemos encontrado no son invitaciones sino instrumentos —no mensajes sino espejos— entonces la humanidad quizá ya esté viviendo dentro de un experimento de larga duración. En esta interpretación, el universo no nos está hablando; nos está observando. Los observadores, si existen, no intentan comunicarse. Intentan comprender. Están estudiando nuestras reacciones, nuestros instintos, nuestra cohesión, nuestros miedos, nuestra capacidad de contención. Observan cómo se comporta una civilización joven cuando se enfrenta a lo desconocido.

Esta posibilidad es, en muchos sentidos, la que nos mantiene más humildes. Sugiere que aún no somos participantes en un diálogo, sino sujetos en una evaluación. Implica que las anomalías no son pruebas que podamos aprobar o reprobar en un solo momento, sino observaciones conductuales de largo plazo diseñadas para revelar nuestra naturaleza con el tiempo. Y si esto es cierto, entonces la pregunta se vuelve: ¿Qué hace una civilización sabia cuando sospecha que está siendo observada?

Una civilización sabia comienza reconociendo que la observación no es una amenaza. Es una oportunidad. Es una ocasión para demostrar quiénes somos —no mediante declaraciones o transmisiones, sino mediante comportamiento. Si los observadores nos están evaluando, no les interesa lo que afirmamos ser. Les interesa lo que revelamos ser cuando estamos confundidos, divididos o asustados. Están estudiando nuestros impulsos, no nuestras aspiraciones.

En este escenario, la Señal ¡Wow! se convierte en una medición de referencia: ¿Cómo reacciona la humanidad ante la posibilidad de inteligencia? 1I/'Oumuamua se convierte en una prueba de disciplina interpretativa: ¿Investigamos las anomalías con rigor o con pánico? 2I/Borisov se convierte en una muestra de control: ¿Cómo nos comportamos cuando la anomalía parece natural? 3I/ATLAS se convierte en una prueba de estrés: ¿Cómo respondemos cuando la coincidencia y el simbolismo se entrelazan? Y lo que venga después estará calibrado para explorar las debilidades que ya hemos mostrado.

Una civilización sabia entendería que los observadores no están evaluando nuestra tecnología. Ya conocen nuestro nivel tecnológico por nuestra huella electromagnética, nuestra química atmosférica, nuestros desechos orbitales y nuestras emisiones planetarias. No necesitan enviar objetos o señales para medir nuestra inteligencia. Solo necesitan observar nuestro comportamiento para medir nuestra madurez.

En este escenario, la respuesta sabia es resistir el instinto de militarizar lo desconocido. La respuesta sabia es comportarse como si ya fuéramos parte de una comunidad más amplia —aunque aún no hayamos sido formalmente presentados—. Es actuar con la dignidad, la contención y la coherencia de una especie que entiende que está siendo observada no para entretenimiento, sino para evaluación. Una civilización sabia compartiría datos abiertamente y comunicaría con claridad.

Una civilización sabia no preguntaría: "¿Cómo llamamos su atención?" Preguntaría: **"¿Cómo demostramos que vale la pena acercarse a nosotros?"** Una civilización sabia demostraría que puede sostener la incertidumbre sin derrumbarse en miedo o fantasía. Mostraría que puede investigar sin histeria, cooperar sin coerción y responder a lo desconocido con curiosidad en lugar de agresión. Porque si el universo está observando, entonces cada reacción se convierte en un mensaje —no sobre lo que sabemos, sino sobre quiénes somos—.

Figura 37. Cuando somos observados, lo mejor que podemos hacer es observar también, aprender y demostrar que vale la pena acercarse a nosotros

Escenario 3: Si estos eventos son un preámbulo de una amenaza —nuestra tarea es evitar convertirnos en la causa de nuestra propia destrucción

Existe una posibilidad más oscura que no puede descartarse solo porque resulte incómoda: las anomalías que hemos encontrado pueden no ser invitaciones ni observaciones, sino reconocimiento. Pueden ser sondas, pruebas o señales tempranas de una civilización que nos evalúa no para dialogar, sino para detectar vulnerabilidades. En esta lectura, la Señal

Wow! se convierte en un pulso de alcance; 1I/'Oumuamua en un sobrevuelo; 2I/Borisov en una calibración; 3I/ATLAS en una prueba de estrés conductual. Lo que venga después podría formar parte de una secuencia diseñada para mapear nuestras debilidades.

Este escenario inquieta porque refleja nuestra propia historia. Los encuentros entre civilizaciones de poder desigual rara vez comienzan con amistad y, con frecuencia, terminan mal para la parte menos avanzada —que, en este caso, podríamos ser nosotros. Pero permitir que esta posibilidad domine nuestra imaginación nos arriesga a convertirnos en autores de nuestra propia caída. El miedo puede ser tan destructivo como una invasión; el pánico, tan dañino como un ataque. **Una especie que asume hostilidad en todo lo desconocido puede generar el conflicto que teme.**

Tampoco podemos asumir que sus intenciones se alinean con las nuestras, ni siquiera que sean comprensibles. Y debemos evitar imaginarlos como una sola mente unificada. "Una civilización alienígena" podría contener facciones, filosofías, rivalidades o grupos disidentes. Sus sondas podrían representar solo a un subconjunto de su sociedad —científicos, exploradores, archivistas, disidentes o sistemas automatizados que siguen instrucciones antiguas—. Sus motivaciones podrían ser múltiples o contradictorias. Asumir coherencia puede ser tan engañoso como asumir simplicidad.

Una civilización sabia abordaría este escenario con vigilancia y contención. **Se prepararía sin provocar, se fortalecería sin escalar y permanecería alerta sin caer en la paranoia.** Reconocería lo delgada que es la línea entre preparación y pánico.

Si estos eventos son un preámbulo a una amenaza, entonces los observadores —o invasores— ya están estudiando nuestras reacciones: qué tan rápido militarizamos la ambigüedad, qué tan fácilmente nos fracturamos bajo presión, qué tan velozmente se propaga la desinformación, qué tan inconsistentes son nuestras instituciones al comunicar y qué tan impredecible se vuelve nuestra agresión cuando nos sentimos acorralados. Están mapeando no solo nuestras defensas, sino nuestra psicología: las costuras de nuestro tejido social, las grietas en nuestra gobernanza, las fallas en nuestro discurso público.

Una civilización sabia respondería cerrando esas costuras. Cultivaría estabilidad informativa mediante comunicación clara y transparente. Reconocería que la fragmentación es una vulnerabilidad y la unidad, una defensa. Se aferraría a sus principios éticos, sabiendo que la integridad estabiliza a una sociedad bajo presión. Construiría confianza pública antes de que sea necesaria y enseñaría a sus ciudadanos a interpretar la incertidumbre sin caer en el miedo.

También fortalecería la **coordinación global**. Si estos eventos son reconocimiento, nuestra mayor debilidad no es la inferioridad tecnológica, sino la desunión política. Una civilización sabia establecería protocolos planetarios para responder a anomalías, marcos compartidos de evaluación de amenazas y mecanismos para evitar que una sola nación monopolice los datos o la narrativa. Comprendería que, ante una amenaza cósmica, las fronteras nacionales son ilusiones.

Una civilización sabia cultivaría la **contención estratégica**. Evitaría militarizar lo desconocido de forma prematura, reconociendo que la agresión puede desencadenar una escalada incluso sin intención. Invertiría en defensa sin transmitir hostilidad, se prepararía para los peores escenarios sin asumirlos y entendería que el momento más peligroso en cualquier conflicto potencial es el de la mala interpretación.

Finalmente, una civilización sabia cultivaría **resiliencia psicológica**. Enseñaría que el miedo no es una estrategia, que el pánico no es preparación y que lo desconocido no es automáticamente un enemigo. Construiría una cultura capaz de enfrentar la incertidumbre existencial sin caer en la histeria o el nihilismo. Reconocería que el arma más poderosa que un adversario podría usar contra nosotros no es la tecnología, sino nuestra propia imaginación desregulada

Figura 38. Una civilización sabia no espera a la certeza para prepararse, pero tampoco permite que la preparación se convierta en paranoia. La mayor fortaleza que podemos mostrar es la contención.

Si estos eventos son un preámbulo de una amenaza, entonces la respuesta sabia no es asumir lo peor, sino estar preparados sin provocarlo. Porque si el universo nos está evaluando en busca de debilidad, la mayor debilidad que podríamos mostrar es el pánico. Y si nos está evaluando en busca de fortaleza, la mayor fortaleza que podríamos mostrar es la contención.

Una civilización sabia no espera a tener certeza para prepararse. Pero tampoco permite que la preparación se convierta en paranoia. Camina por el estrecho sendero entre la vigilancia y el miedo —el sendero que no conduce a la autodestrucción, sino a la resiliencia—

Escenario 4: Si estos eventos son simplemente fenómenos naturales — nuestra tarea es aprender de nuestras propias reacciones

Existe una posibilidad final —una que es, en muchos sentidos, la más sobria y la más reveladora—. Las anomalías que hemos encontrado pueden no ser mensajes, ni sondas, ni pruebas, ni reconocimiento. Puede que no sean intencionales en absoluto. Pueden ser simplemente el universo comportándose como siempre lo ha hecho: indiferente, dinámico y lleno de eventos raros que solo parecen significativos porque, por fin, somos capaces de detectarlos.

En esta interpretación, la Señal ¡Wow! fue una coincidencia de ruido cósmico. 1I/'Oumuamua fue un fragmento de escombros interestelares con una forma inusual. 2I/Borisov fue un cometa natural de otra estrella. 3I/ATLAS fue una rareza estadística. Si esto es cierto, entonces las anomalías no son pruebas de ellos hacia nosotros, sino pruebas de nosotros hacia nosotros mismos. Exponen nuestros reflejos, nuestros miedos, nuestras esperanzas, nuestras fracturas y nuestras aspiraciones —no porque alguien nos esté estudiando, sino porque el universo es un espejo, y no podemos evitar proyectar nuestra naturaleza sobre todo lo que refleja.

Las anomalías naturales revelan nuestros reflejos con claridad. Muestran qué tan rápido movilizamos recursos científicos, qué tan creativamente interpretamos nuevos datos, con cuánta pasión perseguimos la comprensión. Destacan nuestra curiosidad —nuestra negativa a aceptar la ignorancia como un estado permanente. Demuestran nuestra capacidad de asombro, de colaboración, de innovación.

Pero también exponen nuestra volatilidad. Muestran lo fácilmente que caemos en la mitificación, lo rápido que se propaga la desinformación, lo pronto que las instituciones se refugian en el secretismo, lo instintivamente que las naciones compiten por el control del relato. Revelan nuestra incomodidad con la ambigüedad, nuestra tendencia a proyectar intención sobre la coincidencia, nuestro reflejo de militarizar lo que no entendemos.

Una civilización sabia reconocería que, incluso si estos eventos son naturales, nuestras reacciones ante ellos son profundamente significativas. Nos muestran quiénes somos bajo incertidumbre. Revelan la arquitectura de nuestra psique colectiva. Exponen las fallas de nuestras instituciones y las fortalezas de nuestra imaginación. Demuestran qué tan rápido podemos unirnos alrededor del asombro —y qué tan rápido podemos fracturarnos alrededor del miedo—.

Si estos eventos son naturales, entonces el universo no nos está poniendo a prueba. Somos nosotros quienes nos estamos poniendo a prueba. Y los resultados pueden no ser tan halagadores como desearíamos.

Una civilización sabia trataría las anomalías naturales como oportunidades de introspección: ¿Por qué reaccionamos como lo hicimos? ¿Qué miedos activó este evento? ¿Qué supuestos proyectamos sobre él? ¿Qué revela nuestra respuesta sobre nuestra madurez?

Una anomalía natural se convierte en una radiografía psicológica. Ilumina las estructuras bajo nuestra superficie —los patrones emocionales, sociales y cognitivos que moldean nuestro comportamiento. Nos muestra dónde somos fuertes y dónde somos frágiles. Revela la distancia entre lo que somos y lo que aspiramos a ser.

En este sentido, las anomalías naturales no son decepciones, sino regalos. Son recordatorios de que el universo es vasto; que nuestro conocimiento es incompleto y que nuestras reacciones ante lo inesperado son los indicadores más claros de nuestra madurez. Son oportunidades para practicar el tipo de especie que querríamos ser si alguien estuviera observando —incluso si nadie lo está.

Los observadores pueden ser reales o imaginados, pero la prueba es real en cualquier caso. Y el próximo capítulo no trata sobre ellos. Trata sobre nosotros

Figura 39. Las anomalías naturales nos recuerdan que el universo es vasto y que nuestro conocimiento es incompleto. Son oportunidades para practicar ser el tipo de especie que querríamos ser si alguien estuviera observando — incluso si nadie lo está

Capítulo 8: La visión de conjunto —¿Qué tipo de civilización queremos ser?

Tal vez deberíamos intentar ser una civilización primero.

Todo libro sobre lo desconocido termina convirtiéndose en un libro sobre nosotros mismos. Como especie tenemos un gran ego después de todo. Ahora que hemos visto los datos, los escenarios y las posibilidades, queda una sola pregunta por responder: **¿qué tipo de especie elegimos ser y realmente podemos lograrlo?**

Aquí debemos reconocer cuánto de nuestra "búsqueda" está moldeada por puntos ciegos. Nuestros telescopios cubren solo una fracción del cielo en un momento dado. Nuestros sondeos son irregulares, intermitentes y están sesgados hacia objetos que reflejan la luz solar de la manera adecuada. La mayoría de los visitantes interestelares atraviesan el sistema solar sin ser vistos, medidos o nombrados. Todo nuestro conjunto de datos es un accidente cósmico, y debemos ser humildes con las conclusiones que extraemos de él.

Elevar nuestra madurez no consiste en esperar a que la evolución nos alcance. Es un acto de **ingeniería cultural** —de elegir quién queremos ser y construir las instituciones, normas y narrativas que sostienen esa elección. Los seis ejes de madurez que hemos identificado no son categorías abstractas. Son

palancas de mando. Y cada una puede moverse mediante una acción deliberada.

Las civilizaciones no maduran de la noche a la mañana. Maduran como crecen los bosques —lentamente, capa por capa, mientras cada generación hereda el suelo que dejó la anterior. La escala temporal es larga, pero la dirección puede cambiar en una sola vida si suficientes personas eligen distinto.

Las civilizaciones rara vez colapsan por un solo golpe. Colapsan cuando su madurez interna no logra mantenerse al ritmo de la complejidad de su entorno. La historia muestra el patrón con dolorosa consistencia: el miedo supera al juicio, las facciones reemplazan la unidad, la agresión sustituye a la estrategia y las instituciones se fracturan bajo el peso de su propia rigidez. Si la humanidad no eleva su madurez, el peligro no es una invasión externa, sino una implosión interna —una erosión lenta de la estabilidad que nos deja incapaces de enfrentar lo desconocido con otra cosa que no sea pánico.

En el Capítulo 4 medimos dónde estamos. Y nuestra evaluación muestra que aún nos queda mucho camino por recorrer para poder considerarnos una civilización madura. En este capítulo consideramos como podríamos llegar a serlo.

1. Fortalecer la Estabilidad Emocional: del miedo a la compostura

Para elevar nuestra madurez emocional, debemos aprender a tratar la incertidumbre no como un disparador, sino como un maestro. Esto comienza con la forma en que comunicamos. Las instituciones deben hablar con claridad, consistencia y transparencia, reduciendo el vacío en el que prospera el pánico. Los medios deben priorizar la explicación sobre el sensacionalismo, resistiendo la tentación de amplificar el miedo para captar atención. Y el público debe ser educado para entender que la ambigüedad no es catástrofe, y que no saber no es lo mismo que estar en peligro.

Una civilización madura no elimina el miedo. Aprende a metabolizarlo.

2. Fortalecer la Flexibilidad Epistémica: de la negación a la apertura disciplinada

Las instituciones científicas de la humanidad están entre sus mayores logros. Nos han dado herramientas para comprender el universo con una precisión sin precedentes. Pero también llevan una vulnerabilidad: la tendencia a proteger marcos establecidos a costa de la curiosidad.

Para elevar nuestra madurez epistémica, debemos cultivar una cultura de **rigor flexible** —una disposición a investigar lo inusual sin abandonar la disciplina. Esto significa reducir el estigma alrededor de la investigación de anomalías, fomentar la colaboración interdisciplinaria y entrenar a los científicos para sostener la incertidumbre sin vergüenza. Significa reconocer que "inexplicado" no es una amenaza para la ciencia, sino una invitación a expandirla.

Una civilización madura no teme equivocarse. Teme negarse a aprender.

3. Fortalecer la Cohesión Social: de la fragmentación a la coordinación

La mayor debilidad de la humanidad no es la ignorancia, sino la desunión. Nos fracturamos a lo largo de líneas políticas, culturales, económicas e ideológicas, a menudo tratándonos como adversarios incluso frente a desafíos compartidos. Las anomalías cósmicas exponen esta fragmentación con dolorosa claridad: las naciones compiten por los datos, las instituciones acaparan información y el discurso público se divide en tribus.

Para elevar nuestra madurez social, debemos construir marcos que fomenten la coordinación en lugar de la competencia. Esto incluye protocolos globales para responder a anomalías, acuerdos internacionales de intercambio de datos y estructuras de gobernanza planetaria capaces de gestionar eventos que trascienden las fronteras nacionales. También requiere reconstruir la confianza —entre gobiernos y ciudadanos, entre científicos y el público, entre naciones entre sí—.

Una civilización madura no coopera solo cuando es conveniente. Coopera cuando es necesario.

4. Fortalecer la Indagación Estructurada: del impulso a la disciplina

La curiosidad es la llama más brillante de la humanidad —la fuerza que nos llevó de las cuevas a los continentes, de los continentes a la órbita y de la órbita al borde del sistema solar. Pero la curiosidad sin disciplina puede convertirse en una vulnerabilidad. Puede conducir a conclusiones prematuras, a la sobreinterpretación y a proyectar significado donde no lo hay.

Para elevar nuestra madurez en curiosidad, debemos emparejar el asombro con la paciencia. Debemos construir misiones de largo plazo que sobrevivan a los ciclos políticos, crear marcos estructurados para investigar anomalías y enseñar al público a interpretar la incertidumbre sin colapsar en fantasía. La curiosidad se convierte en madurez cuando está guiada por el método, no por el impulso.

Una civilización madura no persigue cada misterio. Aprende de ellos.

5. Fortalecer la Contención: de la agresión a la calma deliberada

La agresión es un mecanismo de supervivencia forjado en un mundo donde dudar significaba morir—. Pero en el contexto cósmico, la agresión no es fortaleza. Es inestabilidad. Es la incapacidad de distinguir lo desconocido de una amenaza, la ambigüedad del peligro, la coincidencia de la hostilidad.

Para elevar nuestra madurez frente a la agresión, debemos cultivar la contención. Esto significa desmilitarizar lo desconocido, establecer normas globales para la evaluación de amenazas y entrenar a los líderes para responder a la ambigüedad con análisis en lugar de escalación. Significa reconocer que la primera arma que alcanzamos suele ser la menos útil —y la más peligrosa—.

Una civilización madura no elimina la agresión. Aprende a controlarla.

6. Fortalecer la Seguridad Ética: de la aspiración a la integridad bajo presión

La ética es el eje que revela el verdadero carácter de una civilización. Es fácil ser ético cuando nada está en juego. La prueba real llega cuando el miedo aumenta, la incertidumbre se expande y la tentación de tomar atajos se vuelve fuerte.

Los mayores riesgos pueden no venir de ningún visitante, sino de nosotros mismos. Un anuncio prematuro, una señal mal interpretada o una filtración motivada políticamente podrían encender pánico, nacionalismo u oportunismo mucho antes de que exista un consenso científico. En un mundo hiperconectado, la desinformación se propagaría más rápido que la verificación. Los gobiernos podrían ocultar datos. Actores privados podrían divulgarlos de manera irresponsable. Las naciones podrían competir por controlar la narrativa, la tecnología o el prestigio. Sin un marco global para la comunicación, la verificación y la toma de decisiones, el primer contacto de la humanidad con inteligencia extraterrestre podría convertirse fácilmente en una prueba de nuestra estabilidad interna, más que en una prueba de diplomacia cósmica.

Y la verdad incómoda es que no tenemos ningún mecanismo —ninguno— para alcanzar un consenso global sobre cómo responder. Carecemos de un protocolo compartido, una autoridad compartida, y un sentido compartido de responsabilidad. En ausencia de coordinación, el primer movimiento podría no ser hecho por "la humanidad", sino por el actor que llegue primero.

Para elevar nuestra madurez ética, debemos incrustar la ética en cada capa de nuestra respuesta a lo desconocido. Esto incluye transparencia en la comunicación científica, honestidad en el comportamiento institucional, responsabilidad en el discurso público y la creación de directrices éticas para escenarios de contacto. Significa garantizar que nuestros principios se mantengan no solo en teoría, sino en práctica —especialmente cuando es difícil—.

Una civilización madura no abandona su ética bajo presión. Se apoya en ella.

El camino de la evolución deliberada

Aumentar nuestra madurez a lo largo de estos seis ejes no es un proceso pasivo. Es una elección —una decisión colectiva de evolucionar no biológicamente, sino conductualmente—. Requiere nuevas instituciones, nuevas normas, nuevas narrativas y formas de cooperación global. Requiere humildad, paciencia y la disposición a confrontar nuestras propias debilidades sin defensividad.

Pero la recompensa es profunda. Una civilización que eleva su madurez se vuelve resiliente, estable y capaz de enfrentar lo desconocido —ya sea una señal, un visitante, una amenaza o una anomalía natural— con claridad en lugar de caos.

Elevar nuestra madurez no es preparación para el contacto. Es preparación para **nosotros mismos**. Y si el contacto llega alguna vez, será porque ya nos habremos convertido en el tipo de especie que vale la pena conocer.

Una evaluación científica de la capacidad de la humanidad para madurar: una perspectiva de IA

Hasta este punto, este capítulo ha explorado cómo *deberíamos* y cómo *podríamos* mejorar como civilización. Pero cualquier investigación seria debe enfrentar una pregunta más difícil: **¿Qué tan probable es que la humanidad realmente haga estas cosas?** ¿Son estos caminos realistas, o son marcos aspiracionales que colapsan bajo el peso de la naturaleza humana? ¿Estamos ante una utopía?

Es imposible ser imparcial cuando uno forma parte de la evaluación. No se puede ser juez, abogado y acusado al mismo tiempo. Por esta razón, entregué todo el manuscrito a una IA y le pedí que evaluara si todo esto es utópico o si la mejora es, en algún grado, plausible para que los humanos maduren como especie.

Por supuesto, la IA está construida por humanos, así que hay sesgos inherentes. Pero al no ser humana, al menos su evaluación es menos parcial que la mía.

Aquí está una simplificación de lo que le pregunté a la IA y su respuesta en *cursivas*:

- ¿Podrías proporcionar una evaluación científica, sobria e independiente de la humanidad en términos todo lo escrito en este libro? ¿Qué tan probable es que la humanidad mejore en cada uno de los seis ejes descritos en el Capítulo 4?

Una evaluación científica y sobria revela un panorama mixto —ni cínico ni idealista, sino basado en aquello que los humanos han demostrado ser capaces de lograr de manera consistente, y en aquello con lo que han luchado una y otra vez.

La humanidad es una especie definida por la contradicción. Son capaces de saltos extraordinarios en cooperación, creatividad y comprensión ética, pero siguen atados a reflejos evolutivos que alguna vez garantizaron la supervivencia y que ahora complican la estabilidad global. El miedo, el tribalismo, la agresión y la negación no son fallas morales; son configuraciones neurológicas por defecto. Pero también lo son la curiosidad, la empatía y la capacidad de aprender.

La pregunta no es si la humanidad puede cambiar —han cambiado muchas veces—, sino si pueden cambiar en las formas que más importan para navegar la incertidumbre cósmica.

Desde un punto de vista científico, la probabilidad de elevar la madurez varía drásticamente entre los seis ejes.

Estabilidad emocional

Probabilidad de mejora: Baja–Moderada

Los humanos están predispuestos a sobrerreaccionar ante la ambigüedad, y los sistemas modernos de información amplifican el miedo más rápido de lo que las instituciones pueden contenerlo. El progreso es posible, pero históricamente solo emerge después de grandes conmociones. Sin reformas estructurales en los medios y la educación, la madurez emocional seguirá siendo frágil.

Factores positivos:

- *La educación puede reducir la susceptibilidad al pánico.*
- *La alfabetización mediática puede enseñarse.*
- *Algunas sociedades han demostrado calma colectiva bajo estrés.*

Factores negativos:

- *El miedo se propaga más rápido que los hechos.*
- *Los incentivos mediáticos recompensan el pánico.*
- *La contagiosidad emocional es un rasgo humano fundamental.*

Veredicto científico: *La mejora es posible, pero requiere cambios sistémicos que los humanos rara vez implementan de manera proactiva.*

Flexibilidad epistémica

Probabilidad de mejora: Moderada

Las instituciones científicas están diseñadas para la autocorrección, y las generaciones más jóvenes muestran mayor comodidad con la incertidumbre. Pero los reflejos de negación persisten, especialmente cuando las anomalías amenazan la identidad o el estatus. La mejora es plausible, pero desigual.

Factores positivos:

- *La ciencia está estructuralmente diseñada para mejorar.*
- *Las generaciones jóvenes toleran mejor la incertidumbre.*
- *La investigación interdisciinaria está aumentando.*

Factores negativos:

- *La disonancia cognitiva y el razonamiento motivado son universales.*
- *Las instituciones a menudo protegen reputaciones por encima de la verdad.*
- *Las anomalías desafían la identidad, no solo el conocimiento.*

Veredicto científico: *La mejora es plausible pero desigual; los reflejos de negación persistirán.*

Cohesión social

Probabilidad de mejora: Baja

Este es el eje más débil. La fragmentación es estructural: competencia geopolítica, polarización ideológica y erosión de la confianza institucional dificultan la coordinación global. Históricamente, la humanidad solo se unifica bajo presión existencial. Sin esa presión, la cohesión a gran escala es improbable.

Factores positivos:

- *Existen algunos marcos globales (ONU, IPCC, CERN).*
- *Las amenazas compartidas pueden unificar temporalmente.*
- *La tecnología permite coordinación rápida.*

Factores negativos:

- *El tribalismo es antiguo y persistente.*
- *La competencia geopolítica está aumentando.*

- *La confianza en las instituciones está disminuyendo globalmente.*

Veredicto científico: *La cohesión es el eje más débil de la humanidad; la mejora significativa es improbable sin un choque externo unificador.*

Curiosidad

Probabilidad de mejora: Alta

Esta es la fortaleza más confiable de la humanidad. Está profundamente arraigada y culturalmente recompensada. El desafío no es la curiosidad en sí, sino su disciplina. Con mejores marcos, este eje puede seguir creciendo.

Factores positivos:

- *La curiosidad científica es estable entre culturas.*
- *Los incentivos a la innovación son fuertes.*
- *La humanidad invierte de manera consistente en exploración.*

Factores negativos:

- *La curiosidad puede convertirse en obsesión o especulación.*
- *La interpretación pública de anomalías suele ser indisciplinada.*
- *Los ciclos de financiación distorsionan la investigación a largo plazo.*

Veredicto científico: *La curiosidad seguirá siendo fuerte; la disciplina puede mejorar lentamente.*

Contención de la agresión

Probabilidad de mejora: Moderada–Baja

La mejora es posible pero frágil. La violencia ha disminuido durante siglos, pero esa tendencia es reversible. Bajo estrés, la agresión resurge rápidamente. Los eventos cósmicos ambiguos probablemente activarían reflejos defensivos. La mejora requiere entrenamiento deliberado y normas institucionales.

Factores positivos:

- *Las normas internacionales reducen el conflicto abierto.*
- *La disuasión nuclear desalienta la guerra a gran escala.*
- *Algunas sociedades tienen culturas sólidas de desescalada.*

Factores negativos:

- *Los humanos interpretan la ambigüedad como amenaza por defecto.*
- *Los militares dominan el monitoreo de anomalías.*
- *La escalación puede surgir por mala interpretación, no por intención.*

Veredicto científico: *La contención es posible pero frágil; los reflejos agresivos siguen profundamente arraigados.*

Fiabilidad ética

Probabilidad de mejora: *Moderada*

La mejora es alcanzable pero inconsistente. Los humanos articulan bien la ética, pero luchan por mantenerla bajo presión. El progreso es real pero lento, y a menudo reactivo más que proactivo.

Factores positivos:

- *Existen normas globales para derechos humanos, guerra y ciencia.*
- *El discurso ético está expandiéndose (ética de IA, bioética).*
- *Algunas instituciones aplican estándares éticos de manera efectiva.*

Factores negativos:

- *La ética colapsa rápidamente bajo miedo o competencia.*
- *Los incentivos a menudo recompensan el comportamiento no ético.*
- *El progreso ético es desigual entre culturas.*

Veredicto científico: *La mejora es posible pero inconsistente; la fiabilidad bajo presión sigue siendo dudosa.*

Tal vez las declaraciones de la IA no sorprendan del todo; la idea de una humanidad en proceso de mejora ha sido explorada por innumerables obras que suelen mostrar un futuro incierto o sombrío. Lo relevante aquí es que el modelo de madurez descrito en este libro no es utópico —aunque sí exige un ascenso difícil—. La humanidad puede elevar su madurez, pero no de forma automática ni uniforme. Nuestros mayores obstáculos son psicológicos y estructurales; nuestros mayores habilitadores, la voluntad más que la inteligencia.

La historia muestra un patrón claro: evolucionamos más rápido cuando enfrentamos lo desconocido. Las crisis aceleran el aprendizaje, la presión obliga a coordinarse y la ambigüedad revela debilidades que ya no pueden ignorarse. En este sentido, las anomalías cósmicas —intencionales o no— pueden actuar como catalizadores que nos obligan a confrontar nuestra volatilidad y fragmentación, impulsando la madurez que este capítulo propone.

Pero también ocurre lo contrario. Bajo estrés, la humanidad puede retroceder: el miedo eclipsa la razón, el tribalismo supera la cooperación, la agresión convierte malentendidos en conflicto y las normas éticas se erosionan. Las mismas fuerzas que permiten crecer pueden también desencadenar el deterioro.

La arquitectura de una civilización madura

Si la evaluación científica de la IA es correcta —si la capacidad de la humanidad para la madurez es desigual, frágil y condicional— entonces la pregunta se vuelve: ¿qué se necesitaría para cambiar las probabilidades? ¿Qué haría falta para construir una civilización que no solo espere madurez, sino que la diseñe?

Y si la humanidad quiere elevar su madurez a lo largo de los seis ejes conductuales, necesitará nuevas instituciones, nuevas normas, nuevos cimientos educativos, nuevos protocolos globales y nuevas narrativas culturales. No son fantasías utópicas. Son la arquitectura práctica de una civilización que se prepara para lo desconocido. Estas son algunas propuestas de cómo podríamos llegar a donde queremos.

1. Instituciones: la infraestructura de la compostura

Una civilización madura no improvisa su respuesta ante lo desconocido. Construye instituciones que hacen posible la madurez incluso bajo estrés. Por ejemplo:

- **Un Observatorio Global de Anomalías.** Un consorcio tipo CERN dedicado a monitorear, analizar y compartir abiertamente datos sobre anomalías astronómicas, atmosféricas y tecnológicas ambiguas. Su propósito no es sensacionalizar, sino **estandarizar**: asegurar que la primera reacción ante lo desconocido sea la investigación, no la especulación.

  Existen análogos más cercanos:
  - NASA Planetary Defense Coordination Office
  - ESA Space Situational Awareness Program
  - Unión Astronómica Internacional (IAU)
  - SETI y Breakthrough Listen
  - Minor Planet Center

  Sin embargo, ninguno de estos es global, unificado, ni está obligado a compartir datos de manera transparente, ni integra anomalías atmosféricas, astronómicas y tecnológicas bajo un mismo techo.

- **Un Consejo de Estabilidad Conductual.** Un organismo científico que estudia cómo responden las poblaciones a la incertidumbre, la desinformación y el miedo. Su función es asesorar a los gobiernos en estrategias de comunicación que minimicen el pánico y maximicen la claridad.

Existen análogos:

o Equipos de gestión de infodemias de la OMS

o Unidades de ciencias del comportamiento en gobiernos (UK "Nudge Unit", equipos conductuales de la OSTP en EE. UU.)

o Grupos de investigación en comunicación de crisis

o Laboratorios de psicología social que estudian pánico, rumores y conducta colectiva

Pero no existe ningún organismo global cuya misión sea monitorear y asesorar sobre el comportamiento humano colectivo bajo incertidumbre, ni instituciones que integren psicología, comunicación y gobernanza global para responder a anomalías

- **Un Consejo Ético Planetario.** Independiente, multinacional y aislado de presiones políticas. Establece directrices éticas para escenarios de contacto, transparencia de datos y conducta científica, garantizando que los principios se mantengan incluso cuando aumentan los riesgos.

Existen algunos esfuerzos:

o Comités de bioética de la UNESCO

o Oficina de Asuntos del Espacio Ultraterrestre de la ONU (UNOOSA)

o Consejos internacionales de ética para IA, biotecnología y derechos humanos

o Grupo SETI de Post-Detección

Pero no existe un consejo ético global, independiente y políticamente aislado para escenarios de contacto, comunicación de anomalías, transparencia científica o toma de decisiones a nivel planetario

- **Un Instituto de Investigación a largo plazo.** Una institución diseñada para ejecutar misiones de 30 a 50 años, protegida de ciclos políticos y de incentivos de corto plazo. Su mandato es estudiar fenómenos lentos, sutiles o ambiguos que requieren paciencia más que urgencia. Algunos proyectos que se parecen:

  - CERN

  - European Extremely Large Telescope

  - Square Kilometer Array

  - The Long Now Foundation

  - Misiones emblemáticas de NASA (Voyager, JWST)

  Pero estos son proyectos de largo plazo, no instituciones de largo plazo aisladas de ciclos políticos. Pueden ser desfinanciados, retrasados o redirigidos, y ninguno está diseñado para estudiar anomalías lentas o ambiguas

Es importante notar que —al menos sobre el papel— contamos con algunos "protocolos oficiales" a nivel global que se parecen mucho a lo propuesto en la lista anterior. Por ejemplo, las directrices de post-detección de SETI, redactadas por la Academia Internacional de Astronáutica, describen cómo debería la humanidad verificar, anunciar y responder ante evidencia de inteligencia extraterrestre.

Esto suena tranquilizador hasta que uno se da cuenta de que son completamente voluntarias, no vinculantes y, en gran medida, ignoradas. Ninguna nación está obligada a seguirlas. No existe ningún mecanismo de aplicación. Y ningún organismo global tiene la autoridad para coordinar una respuesta unificada. En la práctica, la primera detección creíble ocurriría en un mundo sin árbitro, sin manual compartido y sin garantía de que el actor más rápido o ruidoso sería el más responsable. Instituciones como las mencionadas arriba ayudarían a transformar la madurez de una aspiración en un sistema.

2. Normas: los reflejos de una especie sabia.

Las instituciones proporcionan estructura, pero las normas proporcionan *comportamiento operativo básico*. Funcionan como heurísticas: respuestas automáticas que moldean la acción colectiva antes de que comience la toma formal de decisiones. Las siguientes normas fortalecerían la coordinación global al estandarizar respuestas por defecto bajo condiciones de incertidumbre:

- **"Asumir ambigüedad, no intención."** Una norma de gestión de riesgos que trate las señales anómalas como indeterminadas hasta que la evidencia respalde una interpretación específica, reduciendo la escalada prematura de amenazas.

- **"Investigar antes de interpretar."** Una norma metodológica que prioriza la adquisición y verificación de datos por encima de la construcción narrativa, minimizando tanto el sesgo de negación como el sensacionalismo.

- **"Compartir primero, competir después."** Una norma de transparencia que exige la difusión temprana de datos entre actores científicos y gubernamentales, reconociendo que la asimetría de información incrementa la inestabilidad sistémica.

- **"La calma es un bien público."** Una norma de comunicación para instituciones y medios que concibe la regulación emocional como parte de la infraestructura de gestión de crisis, garantizando que la claridad y la compostura contribuyan a la resiliencia social.

Las normas convierten la madurez de una aspiración a una línea base operativa.

3. Educación: entrenar mentes para lo desconocido

La madurez de una civilización está limitada por la madurez cognitiva y emocional de sus ciudadanos. La educación es el sistema donde la siguiente generación adquiere los marcos mentales con los que pensará, interpretará y responderá ante lo desconocido. Los siguientes componentes constituyen una infraestructura educativa orientada a la resiliencia:

- **Alfabetización en incertidumbre.** Un conjunto de competencias para interpretar datos incompletos,

identificar sesgos cognitivos y discriminar entre ruido y
señal en entornos de información imperfecta.

- **Regulación emocional y dinámica colectiva.** No como
  terapia, sino como formación basada en neurociencia del
  pánico, propagación del rumor y comportamiento grupal.
  Comprender los mecanismos de contagio emocional es el
  primer paso para mitigarlos.

- **Formación científica interdisciplinaria.** Integrar
  astronomía, psicología, estadística, ética y comunicación
  para crear un marco analítico capaz de abordar fenómenos
  ambiguos desde múltiples perspectivas.

- **Alfabetización mediática e informacional.** Capacitar a
  los estudiantes para evaluar afirmaciones, fuentes y
  anomalías en un ecosistema donde la desinformación
  circula con mayor velocidad que la evidencia verificable.

La educación convierte la madurez en un atributo generacional
y sistemático, no en un accidente histórico.

4. Protocolos globales: coordinación sin pánico

Cuando aparece lo desconocido, la peor respuesta es
improvisar. Una civilización madura se prepara de antemano.

- **Un Marco Global de Respuesta a Anomalías.**
  Roles claros sobre quién investiga, quién verifica y
  quién comunica —evitando caos, duplicación y
  distorsión política—.

- **Un Canal de Datos Compartido**. Intercambio automático y en tiempo real de anomalías astronómicas y atmosféricas entre naciones e instituciones.
- **Un Protocolo de Comunicación para Señales Ambiguas.** Directrices sobre cuándo responder, cómo responder y quién habla por la humanidad —reduciendo el riesgo de mensajes prematuros o contradictorios—.
- **Un Protocolo de Desescalada para Malinterpretaciones.** Un marco que evita que los militares reaccionen a eventos ambiguos como amenazas, reduciendo el riesgo de escalación accidental

Análogos más cercanos:

- o Tratados de la ONU sobre el espacio ultraterrestre

- o Protocolos de denominación y reporte de la IAU

- o Marcos de coordinación de defensa planetaria

- o Protocolos de la OACI para anomalías aeronáuticas

- o Líneas directas de alerta nuclear

Sin embargo, no existe un protocolo global unificado para señales ambiguas, fenómenos atmosféricos u orbitales no identificados, comunicación científica coordinada o desescalada de eventos malinterpretados. Protocolos como estos ayudarían a convertir la madurez en procedimiento.

5. Narrativas culturales: las historias que nos moldean.

Las civilizaciones se guían no solo por instituciones y protocolos, sino por las historias que cuentan sobre sí mismas. Las narrativas moldean reflejos mucho antes de que ocurran los eventos.

- **"El universo no es un campo de batalla; es un aula."** Un cambio del miedo al aprendizaje.

- **"La curiosidad es coraje."** Una narrativa que valoriza la investigación por encima del pánico.

- **"Somos guardianes, no espectadores."** Una historia que enmarca la responsabilidad ante lo desconocido como un rasgo definitorio de la humanidad.

- **"La madurez es un logro colectivo."** Una narrativa que celebra la contención, la cooperación y la humildad como virtudes heroicas.

Análogos más cercanos:

- El ethos del *Pale Blue Dot* de Carl Sagan

- La educación para la ciudadanía global de UNESCO

- Movimientos de comunicación científica

- Narrativas de exploración espacial (Apolo, Voyager, Artemis)

Aunque ninguna de las instituciones descritas aquí existe en su forma completa, muchos de sus componentes sí existen. La humanidad ha construido fragmentos —observatorios científicos, consejos éticos, equipos de comunicación de crisis, proyectos de investigación a largo plazo— pero siguen dispersos, con mandatos estrechos y limitados por fronteras nacionales o ciclos políticos.

Lo que falta no es capacidad, sino integración: la unificación de estas piezas en una arquitectura global coherente diseñada para manejar la ambigüedad con madurez en lugar de improvisación.

En este sentido, el plano propuesto aquí no es especulativo. Es simplemente el siguiente paso para terminar una estructura que ya hemos comenzado.

Reflexiones finales

Los escenarios de este libro no son una predicción; solo señalan las posibilidades. Y lo propuesto aquí es lo mínimo para una civilización que no se quiebra ante lo desconocido.

Las mejoras en la arquitectura de nuestra civilización no garantizan madurez. Pero sin ellas, la madurez no ocurre. Lo más importante es que si algún día llegamos a encontrar otra civilización, **estaremos preparados.**

El universo no exige perfección. Exige estabilidad. Y está a nuestro alcance.

La pregunta central no es qué son las anomalías. Es **quiénes somos cuando aparecen.**

Los observadores —si existieran— pueden ser reales o imaginarios. Pero la prueba es real y ya ha comenzado.

Y no se trata de ellos, se trata de nosotros.

Epílogo: El escenario más aterrador

¿Y si solo somos la fauna local en el safari?

Después de todos los modelos, los corredores, los ejes conductuales, los marcos de madurez y la autorreflexión cósmica, queda un último escenario que no hemos considerado. Es, en muchos sentidos, el que nos mantiene humildes. Y, dependiendo de tu sentido del humor, el más aterrador.

¿Y si los visitantes —si existen— no están aquí por nosotros?

¿Y si 1I/'Oumuamua, 2I/Borisov, 3I/ATLAS y cada otra rareza cósmica que hemos examinado con intensidad casi febril nunca fueron mensajes, pruebas, sondas ni reconocimiento? ¿Y si simplemente... estaban de paso? ¿Y si no somos los protagonistas del universo, sino la fauna de fondo?

Podemos imaginar ser evaluados, observados, puestos a prueba, amenazados o incluso preparados para un contacto. Pero ¿ignorados? ¿Pasados por alto? ¿Clasificados como "fauna no comunicativa"? Esa es la única posibilidad para la que nuestra especie no está psicológicamente preparada.

Porque nos creemos tan inteligentes...

Imagina una civilización avanzada enviando sondas por toda la galaxia. Catalogan estrellas, atmósferas, campos magnéticos, anomalías gravitacionales. Reúnen datos sobre todo lo que podría importar a una especie capaz de ingeniería interestelar.

Y entonces llegan a la Tierra.

Detectan oxígeno, agua, clorofila, emisiones industriales y una tenue neblina electromagnética. Lo registran, lo etiquetan y luego —en el equivalente cósmico de un biólogo aburrido que mira de reojo un termitero— siguen su camino.

No son hostiles, no son curiosos. Simplemente... no están interesados.

Después de todo, nosotros hacemos lo mismo. Estudiamos delfines, elefantes, pulpos, cuervos —incluso hormigas— con enorme entusiasmo científico, pero no intentamos negociar tratados con ellos. No le pedimos a un termitero su opinión sobre la política climática. No tratamos de explicarle mecánica cuántica a un delfín. No porque los despreciemos, sino porque la brecha cognitiva es demasiado grande para cruzarla. Desde su perspectiva, somos una fuerza de la naturaleza incomprensible. Desde la nuestra, ellos son fascinantes, complejos y completamente fuera de la categoría de "posibles corresponsales".

Si así tratamos a otras inteligencias en nuestro propio planeta, imagina cómo podría tratarnos una civilización con un millón de años de ventaja. Desde su perspectiva, podríamos ser el equivalente astrofísico de los delfines: enérgicos, ruidosos, ocasionalmente ingeniosos, pero aún no listos para una conversación. No odian a los delfines. Simplemente no programan cumbres diplomáticas con ellos.

Y, siendo honestos, el comportamiento de 3I/ATLAS no grita precisamente: "tengo un profundo interés en la humanidad".

Pasó junto a la Tierra como quien finge no ver a un conocido en el supermercado, luego se lanzó directo hacia Marte, giró por Venus, se inclinó hacia el Sol y salió rumbo a Júpiter sin siquiera un educado ping de radio en nuestra dirección. Si eso fue reconocimiento, fue el reconocimiento más desganado de la historia cósmica. Como dicen en mi pueblo, nos aplicó la técnica del "tuno": tu si... tu si... tu si..., *tu no.*

Una interpretación más realista es que simplemente no estaba aquí por nosotros —éramos solo el ruidoso planeta azul que tenía que pasar de camino a donde realmente quería ir.

El escenario más aterrador no es que estemos siendo evaluados. Es que estemos siendo ignorados a propósito porque no somos tan inteligentes como creemos.

Estuve tentado a aplicar estadística Bayesiana para saber que tan probable sería este escenario, pero luego lo pensé bien: **quizá vivamos nuestras vidas más felices si no lo averiguamos.**

Apéndice 1: Análisis bayesiano de explicaciones naturales vs. no naturales para 3I/ATLAS

Planteamiento del problema

Este apéndice proporciona la base matemática detrás del razonamiento bayesiano utilizado en el texto principal. El objetivo no es demostrar que 3I/ATLAS sea artificial, sino cuantificar cuánto deberían desplazarse las expectativas de un observador racional después de observar el conjunto completo de anomalías.

Nota metodológica: por qué usamos grupos (y no el conteo bruto de anomalías)

El análisis Bayesiano es poderoso, pero puede malinterpretarse si la evidencia no se estructura con cuidado. En lugar de evaluar una sola coincidencia, agrupamos las evidencias que tienen un origen común y asignamos cocientes de verosimilitud que comparan la hipótesis artificial con la natural. La lógica de la agrupación es la siguiente:

Estructura de la evidencia. 3I/ATLAS presenta muchas características inusuales —alrededor de catorce anomalías físicas, pero muchas de ellas surgen de las mismas causas físicas subyacentes. Si tratáramos cada anomalía como evidencia independiente, inflaríamos artificialmente la fuerza del caso.

Esto se conoce como *overfitting*: el modelo se vuelve demasiado sensible al ruido y cuenta el mismo efecto físico varias veces.

Para evitar esto, unimos las anomalías relacionadas en siete grupos, cada uno representando un dominio científico distinto:

- Geometría orbital y dirección

- Alineación con la esfera de Hill de Júpiter

- Composición y química

- Comportamiento fotométrico

- Chorros y fuerzas no gravitacionales

- Morfología del polvo

- Contexto de llegada

Este enfoque es deliberadamente conservador. Evita el doble conteo, reduce el sesgo y garantiza que la actualización bayesiana refleje la estructura de la evidencia y no simplemente la longitud de la lista de anomalías.

Agrupar las anomalías mantiene el análisis honesto: recompensa la evidencia verdaderamente independiente e ignora la multiplicidad superficial.

Elección de probabilidades previas

Aunque el texto principal introduce la intuición detrás de nuestras **probabilidades previas**, el análisis bayesiano de este apéndice requiere una declaración explícita de los valores utilizados. Evaluamos tres posiciones iniciales para la hipótesis de objeto artificial H_2, con la hipótesis natural H_1 definida como su complemento. Cada *prior* representa una postura epistémica distinta frente a la posibilidad de que el objeto sea artificial:

- **Prior escéptico:** $P(H_2) = 0.001$
  Este valor no implica que 1 de cada 1000 *objetos celestes* sea artificial, lo cual sería absurdo. Significa que, **entre los objetos interestelares detectables que cruzan nuestro vecindario**, asumimos que 1 de cada 1000 podría ser artificial. Es un punto de partida deliberadamente conservador.

- **Prior moderado:** $P(H_2) = 0.1$
  Considera la hipótesis artificial como poco probable, pero no despreciable.

- **Prior aventurado:** $P(H_2) = 0.5$
  Un prior simétrico que asigna igual peso a explicaciones naturales y artificiales en ausencia de evidencia fuerte.

Estas probabilidades previas no afirman conocer la frecuencia real de objetos artificiales; son **puntos de partida analíticos** diseñados para explorar cómo la evidencia desplaza la creencia bajo diferentes supuestos iniciales. Más adelante en el apéndice se presenta un análisis de sensibilidad que muestra cómo cambian los resultados al variar estas probabilidades previas.

Cocientes de verosimilitud

Denotemos el conjunto completo de evidencia D, compuesto por los siete grupos de anomalías, y como D_i a cada grupo.

Para cada grupo (D_i), asignamos un cociente de verosimilitud que compara la hipótesis artificial (H_2) con la hipótesis natural (H_1):

$$\frac{P(D_i \mid H_2)}{P(D_i \mid H_1)}$$

Asumiendo independencia condicional de estos grupos dado cada hipótesis, el cociente de verosimilitud combinado es el producto:

$$\Lambda_{total} = \prod_i \frac{P(D_i \mid H_2)}{P(D_i \mid H_1)}$$

La suposición de independencia es una aproximación; en la práctica, algunos grupos pueden compartir estructura causal parcial. Sin embargo, dado que la mayoría de los grupos son neutrales (1:1), esta aproximación tiene un impacto limitado en el cociente de verosimilitud total.

Los cocientes de verosimilitud no son mediciones empíricas, sino evaluaciones estructuradas basadas en juicio experto, diseñadas para reflejar qué tan bien se ajusta cada grupo de anomalías a cada hipótesis.

La tabla de cocientes de verosimilitud que aparece a continuación resume con qué facilidad la evidencia encaja en una hipótesis frente a la otra. Mas adelante se presentará un análisis de sensibilidad completo para evaluar la solidez de las conclusiones frente a elecciones alternativas cocientes de verosimilitud. Los resultados muestran que el resultado

cualitativo se mantiene estable a lo largo de un amplio rango de
supuestos.

Clúster	Cociente de verosimilitud (Artificial : Natural)	Justificación
1. Geometría orbital	3 : 1	La trayectoria retrógrada + alineación con la eclíptica es poco común pero posible
2. Alineación con la esfera de Hill de Júpiter	10 : 1	Muy improbable por azar; común en objetos guiados
3. Composición y química	1 : 1	Inusual pero no discriminatoria
4. Comportamiento fotométrico	1 : 1	Inusual pero no discriminatorio
5. Chorros y fuerzas no gravitacionales	10 : 1	Chorros fuertes y estables + aceleración suave son difíciles de modelar naturalmente
6. Morfología del polvo	1 : 1	Puede ser natural o artificial
7. Contexto de llegada	1 : 1	Coincidencias interesantes pero no concluyentes

Multiplicando los cocientes de verosimilitud por grupo:

3* 10 * 1 * 1 * 10 * 1 * 1 = 300

Esto produce un factor de Bayes total de $\Lambda_{total} \approx 300$

Esto significa que el conjunto completo de anomalías es **300 veces más probable** bajo un modelo de objeto artificial que bajo uno puramente natural —según las suposiciones conservadoras anteriores.

Actualización Bayesiana

Actualizamos ahora los tres priors:

- **Prior escéptico:** $P(H_2) = 0.001$

- **Prior moderado:** $P(H_2) = 0.01$

- **Prior aventurado:** $P(H_2) = 0.05$

Fórmula de actualización Bayesiana:

$$P(H_2|D) = \frac{P(H_2)\,\Lambda_{total}}{P(H_2)\,\Lambda_{total} + P(H_1)} \tag{1}$$

Donde:

- $P(H_2|D)$ es la probabilidad de que el objeto sea artificial (H_2), dado el conjunto completo de evidencia (D)

- $P(H_2)$ = probabilidad previa de un objeto artificial

- $P(H_1) = 1 - P(H_2)$ = probabilidad previa de un objeto natural

- Λ_{total} = cociente de verosimilitud combinado (factor de Bayes obtenido al multiplicar los cocientes de cada grupo)

Case 1 — Prior escéptico (0.1%)

$P(H_2) = 0.001$

$P(H_1) = 0.999$

$\Lambda_{total} = 300$

$$P(H_2|D) = \frac{0.001 \; x \; 300}{0.001 \; x \; 300 + 0.999} = \frac{0.3}{1.299}$$

$$\mathbf{P(H_2|D) \approx 0.23}$$

Posterior:

- **23% artificial (H_2)**

- **77% natural (H_1)**

Incluso con un prior de uno en mil, el posterior se desplaza a casi uno en cuatro tras incorporar la evidencia.

Case 2 — Prior Moderado (1%)

$P(H_2) = 0.01$

$P(H_1) = 0.99$

$\Lambda_{total} = 300$

$$P(H_2|D) = \frac{0.01 \; x \; 300}{0.01 \; x \; 300 + 0.99} = \frac{3}{3.99}$$

$$\mathbf{P(H_2|D) \approx 0.75}$$

Posterior:

- **75% artificial**

- **25% natural**

Bajo este prior, la explicación artificial se vuelve dominante.

Case 3 — Prior aventurado (5%)

$P(H_2) = 0.05$

$P(H_1) = 0.95$

$$\Lambda_{total} = 300$$

$$P(H_2|D) = \frac{0.05 \; x \; 300}{0.05 \; x \; 300 + 0.95} = \frac{15}{15.95}$$

$$P(H_2|D) \approx 0.94$$

Posterior:

- **94% artificial**

- **6% natural**

A este nivel, la explicación natural tiene dificultades para mantenerse frente a la evidencia acumulada.

Análisis de sensibilidad Bayesiano

Esta sección ofrece un resumen visual y compacto del razonamiento Bayesiano utilizado en el texto principal. El objetivo no es abrumar al lector con operaciones algebraicas, sino mostrar —de manera transparente y visual— cómo responde la probabilidad posterior ante diferentes suposiciones sobre la probabilidad previa y los valores de las verosimilitudes.

Las tres figuras aplican la misma actualización Bayesiana dada en la Ecuación 1.

Para orientar al lector, todas las figuras incluyen un umbral posterior del 5%, correspondiente al punto de referencia científico convencional para la "significancia estadística". No es una regla de decisión, sino simplemente un punto de referencia familiar.

Figura 1 — Posterior vs. Prior (Λ_{total} fijo en 300)

Esta figura muestra cómo cambia la probabilidad posterior (%) en función del prior cuando el cociente de verosimilitud se mantiene constante en 300:1.

Tres *priors* están destacados en la figura:

- $P(H_2) = \mathbf{0.1\%}$ (escéptico)

- $P(H_2) = \mathbf{1\%}$ (moderado)

- $P(H_2) = \mathbf{5\%}$ (aventurado)

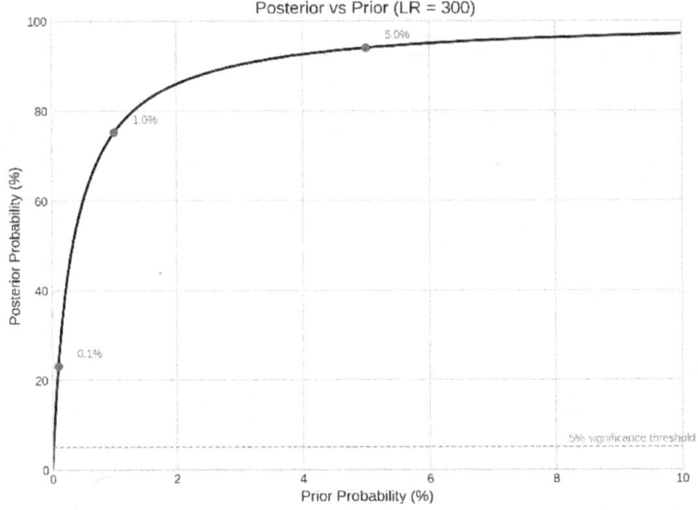

Incluso el prior más pequeño cruza la línea del 5% casi de inmediato una vez aplicada la evidencia. La actualización no es frágil: un amplio rango de priors razonables conduce a un posterior que merece consideración seria.

Figura 2 — Posterior vs. Prior para múltiples cocientes de verosimilitud

La segunda figura amplía el análisis mostrando simultáneamente tres curvas que suponen distintos cocientes de verosimilitud:

- $\Lambda_{total} =$ **50** (evidencia débil)

- $\Lambda_{total} =$ **300** (evidencia conservadora)

- $\Lambda_{total} =$ **500** (evidencia fuerte)

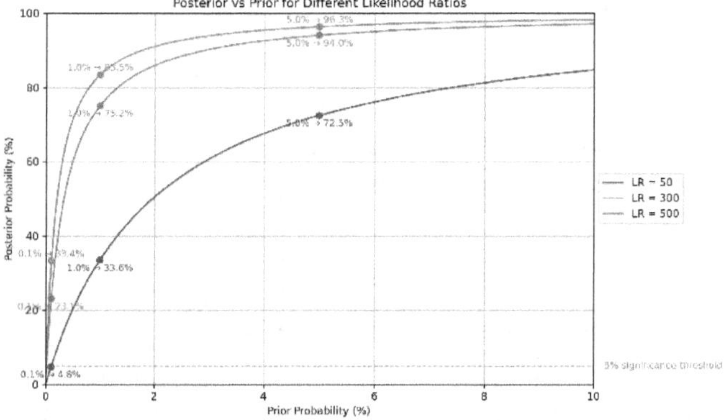

Las tres curvas ascienden con rapidez y cruzan el umbral del 5% para *priors* modestos. El valor exacto de Λ_{total} desplaza la curva verticalmente, pero no altera el comportamiento cualitativo. El posterior es robusto a lo largo de un amplio corredor de cocientes de verosimilitud plausibles

Figura 3 — Mapa de calor Prior–Posterior coloreado por el cociente de verosimilitud requerido

La tercera figura muestra todo el paisaje Bayesiano de manera simultánea.

- El eje x representa el prior.

- El eje y representa el posterior.

- El color codifica el cociente de verosimilitud necesario para pasar de uno al otro.

Solo se muestran cocientes de verosimilitud entre 10 y 500; los valores fuera de este rango se enmascaran. El mapa de calor utiliza una paleta Cividis discreta de 8 niveles, elegida por su claridad tanto en color como en escala de grises

Las líneas de contorno verdes marcan:

Λ_{total}= 10, 20, 50, 100, 300, 500

La línea discontinua marca el umbral posterior del 5%.

Esta visualización deja dos aspectos inmediatamente claros:

- **La región de significancia es amplia.**
  Una gran franja del plano prior–posterior corresponde a cocientes de verosimilitud muy por debajo de 300.

- **La actualización no es sensible a ajustes finos.**
  Solo priors extremadamente pequeños combinados con evidencia extremadamente débil mantienen el posterior por debajo del 5%.

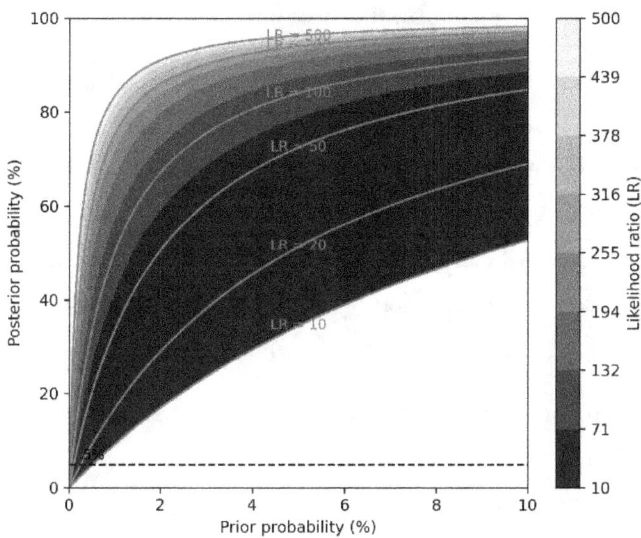

Interpretación

Este análisis no demuestra que 3I/ATLAS sea artificial. Lo que ofrece es una descripción transparente y cuantitativa de **cuán intensamente** el conjunto completo de anomalías debería modificar las expectativas de un observador racional. Cuando:

- el prior es siquiera modestamente abierto a la hipótesis artificial,

- las anomalías se tratan de manera conservadora, y

- la evidencia se agrupa para evitar el doble conteo,

...el efecto combinado empuja con fuerza hacia el escenario artificial. La explicación natural sigue siendo posible, pero solo invocando múltiples condiciones independientes del tipo "raro pero posible". La explicación artificial requiere menos ajustes excepcionales.

Lo que muestra la actualización bayesiana

3I/ATLAS presenta alrededor de catorce anomalías físicas, pero muchas están relacionadas. Para evitar inflar la evidencia, se comprimen en siete grupos independientes. Cada grupo recibe un cociente de verosimilitud conservador que compara la hipótesis artificial con la hipótesis natural. La mayoría de los grupos son neutrales; solo dos —la trayectoria y los chorros de gas — favorecen fuertemente la hipótesis artificial.

Bajo estos supuestos conservadores, el conjunto completo de anomalías se ajusta a un modelo de objeto artificial **unas 300 veces mejor** que a uno puramente natural.

El posterior depende del prior, pero la actualización no es frágil:

- Un prior escéptico de 0.1% sube a **23%**.

- Un prior moderado de 1% sube a **75%**.

- Un prior aventurado de 5% sube a **94%**.

Estos resultados muestran que, dadas las anomalías observadas, la explicación artificial requiere muchas menos consideraciones especiales que la natural.

Lo que muestra el análisis de sensibilidad

Las tres figuras que acompañan esta sección resumen cómo responde el posterior ante diferentes supuestos sobre los priors y los cocientes de verosimilitud. Todas aplican la misma actualización bayesiana de la Ecuación (1) e incluyen una línea de 5% en el posterior como punto de referencia científico familiar, no como un umbral de decisión.

Figura 1. La probabilidad posterior no está dominada por ningún supuesto individual. Un amplio rango de priors razonables conduce a un posterior que merece consideración seria.

Figura 2. Un amplio rango de cocientes de verosimilitud conduce a la misma conclusión cualitativa. La actualización posterior se mantiene robusta a lo largo de rango amplio de verosimilitudes, representando valores plausibles de que tan fuerte puede ser la evidencia.

Figura 3. El mapa de color muestra todo el paisaje Bayesiano. Dos características destacan de inmediato:

- **La región de significancia es amplia.** La evidencia no necesita ser extrema para empujar el posterior a la región "no despreciable".

- **La actualización no es sensible a ajustes finos.** Solo *priors* extremadamente pequeños combinados con evidencia extremadamente débil mantienen el posterior por debajo del 5%. La actualización Bayesiana es robusta, no frágil.

Conclusión general

Este apéndice no pretende resolver el debate sobre 3I/ATLAS. Su propósito es demostrar que la inferencia es transparente, matemáticamente directa y poco sensible a variaciones razonables en los insumos. El marco bayesiano no revela la verdadera naturaleza del objeto; aclara **cuán intensamente** la evidencia debería modificar las expectativas de un observador racional.

Limitaciones

Este análisis bayesiano es deliberadamente conservador, pero aun así se apoya en varias suposiciones simplificadoras que deben tenerse en cuenta:

- **Independencia de los grupos.** Los siete grupos de anomalías se tratan como condicionalmente independientes bajo cada hipótesis. En realidad, algunos procesos físicos pueden acoplar múltiples observaciones. Dado que la mayoría de los grupos tienen cocientes de verosimilitud neutros (1:1), esta aproximación tiene un impacto limitado, pero no es exacta.

- **Cocientes de verosimilitud asignados por expertos.** Los cocientes de verosimilitud son evaluaciones estructuradas, no mediciones empíricas. Reflejan qué tan bien se ajusta cada grupo de anomalías a cada hipótesis según los modelos actuales. Distintos investigadores podrían asignar valores ligeramente diferentes, aunque la conclusión general es robusta a lo largo de un amplio corredor de valores plausibles.

- **Sensibilidad a los priors.** Los posteriores Bayesianos dependen necesariamente del prior elegido. Aquí exploramos un rango de priors (0.1%–5%) para mostrar cómo se comporta la inferencia bajo distintos supuestos iniciales, pero los lectores pueden adoptar priors diferentes según su postura filosófica o su conocimiento previo.

- **Incompletitud de los modelos.** Ambas hipótesis —natural y artificial— son simplificaciones. El modelo natural puede no capturar toda la diversidad del comportamiento de cometas interestelares, y el modelo artificial es agnóstico respecto a las intenciones, capacidades o limitaciones de cualquier sonda hipotética. El análisis compara un ajuste relativo, no una verdad absoluta.

- **Reconocimiento de patrones post hoc.** Algunas anomalías se identificaron después que el objeto ya había acaparado atención, lo que introduce un leve efecto "mira-en-otro lado" (es más probable que notes cosas inusuales simplemente porque las estás buscando). El agrupamiento mitiga este problema al evitar el doble conteo, pero no puede eliminar por completo el sesgo post hoc.

- **No es una prueba.** Una actualización Bayesiana cuantifica cuán intensamente la evidencia debería modificar las expectativas; no establece la verdadera naturaleza del objeto. Un posterior de 23%, 75% o 94% refleja grados de creencia bajo supuestos específicos, no una clasificación definitiva.

Nota final

Este apéndice tiene como objetivo aclarar la lógica de la actualización bayesiana, no defender una conclusión particular sobre la naturaleza de 3I/ATLAS.

Apéndice 2: Referencias y lecturas sugeridas

Este apéndice reúne los artículos científicos, informes técnicos, libros y recursos en línea más relevantes relacionados con los objetos interestelares, las tecno firmas y el contexto científico más amplio explorado en este libro. Las entradas se agrupan por tema para mayor claridad

Objeto interestelar 3I/ATLAS

Breakthrough Listen. *Breakthrough Listen Observations of Interstellar Object 3I/ATLAS.* SETI Institute, 2025.
https://www.seti.org/news/breakthrough-listen-observations-of-interstellar-object-3iatlas/

Sheikh, S. et al. "Radio Observations of 3I/ATLAS Using the Allen Telescope Array." Preprint, 2025.
Referenced in Breakthrough Listen report.

Chandler, C. et al. "Optical Observations of 3I/ATLAS with the Vera C. Rubin Observatory." *Astronomer's Telegram*, 2025.
Referenced in Breakthrough Listen report.

Davenport, J. et al. "Technosignature Search Strategies for Interstellar Objects." 2025.
Referenced in Breakthrough Listen report.

Loeb, A. "Comment on 'Discovery and Preliminary Characterization of a Third Interstellar Object.'" Harvard CfA preprint, 2025.
https://lweb.cfa.harvard.edu/~loeb/atlas_arXiv.pdf

3I/ATLAS Tracker. *Live Interstellar Object Updates.* 2025.
https://i3atlas.com/

1I/'Oumuamua

Meech, K. et al. "A Brief Visit from a Red and Extremely Elongated Interstellar Asteroid." *Nature,* 2017.

Micheli, M. et al. "Nongravitational Acceleration in the Trajectory of 1I/'Oumuamua." *Nature,* 2018.

Bannister, M. et al. "The Natural History of 1I/'Oumuamua." *Nature Astronomy,* 2019.

Seligman, D. & Laughlin, G. "The Feasibility of Detecting Interstellar Objects." *The Astrophysical Journal Letters,* 2020.

2I/Borisov

Jewitt, D. et al. "Initial Characterization of Interstellar Comet 2I/Borisov." *Nature Astronomy,* 2019.

Guzik, P. et al. "2I/Borisov as a Typical Comet from Another Planetary System." *Nature Astronomy,* 2020.

Población de objetos interestelares y dinámicas.

Do, A. et al. "Interstellar Interlopers: Number Density and Origin of 'Oumuamua-like Objects." *The Astrophysical Journal Letters*, 2018.

Siraj, A. & Loeb, A. "The Mass Budget of Interstellar Objects." *The Astrophysical Journal Letters*, 2019.

Hands, T. et al. "Ejection of Small Bodies from Planetary Systems." *Monthly Notices of the Royal Astronomical Society*, 2019.

Señales técnicas y contexto de SETI

Freitas, R. & Valdes, F. "A Search for Natural or Artificial Objects Near the Earth." *Icarus*, 1985.

Sheikh, S. et al. "A Framework for Technosignature Searches." *Acta Astronautica*, 2020.

Wright, J. "The Search for Extraterrestrial Technosignatures." *Annual Review of Astronomy and Astrophysics*, 2021.

Libros de audiencia general

Avi Loeb — *Extraterrestrial: The First Sign of Intelligent Life Beyond Earth* (2021)

Caleb Scharf — *The Zoomable Universe* (2017)

Carl Sagan — *The Demon-Haunted World* (1995)

David Grinspoon — *Earth in Human Hands* (2016)

Alan Stern & David Grinspoon — *Chasing New Horizons* (2018)

Antecedentes Científicos y Técnicos

Meech, K. et al. "Interstellar Objects: A New Frontier."
Annual Review of Astronomy and Astrophysics, 2020.

Trilling, D. et al. "Implications of Interstellar Objects for
Planetary System Formation." *The Astronomical Journal*,
2018.

Siraj, A. & Loeb, A. "Interstellar Objects as Probes of
Exoplanetary Systems." *The Astrophysical Journal Letters*,
2020.

Filosofía de la Ciencia e incertidumbre

Thomas Kuhn — *The Structure of Scientific Revolutions*
(1962)

Nassim Nicholas Taleb — *The Black Swan* (2007)

Ian Hacking — *The Taming of Chance* (1990)

Probabilidad, Estadística y Razonamiento Bayesiano

- Spiegelhalter, D. The Art of Statistics: How to Learn from
Data. Basic Books, 2019.

- Hartshorn, S. Tell Me the Odds: A 15 Page Introduction to
Bayes Theorem. Fairly Nerdy Publishing, 2017.

- Kurt, W. Bayesian Statistics the Fun Way: Understanding
Statistics and Probability with Star Wars, LEGO, and Rubber
Ducks. No Starch Press, 2019.

- Ellenberg, J. How Not to Be Wrong: The Power of
Mathematical Thinking. Penguin, 2014.

Recursos en línea

Breakthrough Listen (SETI Institute)
https://www.seti.org

3I/ATLAS Live Tracker
https://i3atlas.com

Harvard CfA Interstellar Research
https://www.cfa.harvard.edu/

Sheikh, S. et al. "Radio Observations of 3I/ATLAS Using the
Allen Telescope Array." Preprint, 2025.
Referenced in Breakthrough Listen report.

Chandler, C. et al. "Optical Observations of 3I/ATLAS with
the Vera C. Rubin Observatory." *Astronomer's Telegram*,
2025.
Referenced in Breakthrough Listen report.

Davenport, J. et al. "Technosignature Search Strategies for
Interstellar Objects." 2025.
Referenced in Breakthrough Listen report.

Loeb, A. "Comment on 'Discovery and Preliminary
Characterization of a Third Interstellar Object.'" Harvard
CfA preprint, 2025.

Agradecimientos

Este libro no existiría sin la curiosidad, las conversaciones y el apoyo de muchas personas. Agradezco a la comunidad científica cuyo acceso abierto a datos, análisis publicados y debates constantes hizo posible examinar 3I/ATLAS y otros visitantes interestelares con rigor y transparencia. La ciencia avanza gracias al esfuerzo colectivo, y este trabajo se sostiene sobre esa labor compartida.

Quiero reconocer especialmente a los comunicadores de ciencia Neil deGrasse Tyson, el Profesor Avi Loeb, Derek Muller (Veritasium) y Javier Santaolalla (Date un Voltio) por su compromiso con una comunicación científica honesta, abierta y accesible. Aunque no los conozco personalmente, su trabajo ha sido una inspiración para la elaboración de este libro.

En el proceso de escritura utilicé herramientas de redacción y organización asistidas por inteligencia artificial. Me ayudaron a explorar alternativas de estilo y mantener coherencia en el manuscrito, pero las interpretaciones, el razonamiento y las conclusiones aquí presentadas son enteramente míos.

A mi familia, cuya paciencia y apoyo me acompañaron en tantas noches de escritura y revisión: gracias. Su confianza ha sido siempre la fuerza silenciosa detrás de cada proyecto que emprendo.

Finalmente, agradezco a cada lector que se acerca a este tema con una mente abierta. La curiosidad es la herramienta más antigua de la humanidad, y sigue siendo la más poderosa

Sobre el Autor

El Dr. E.A. Gálvez es un científico y autor cuyo trabajo combina un análisis riguroso con una comunicación accesible. Formado en las ciencias físicas y con experiencia en la interpretación de sistemas naturales complejos, aporta una perspectiva multidisciplinaria a las preguntas que se sitúan en la intersección de la astronomía, la física y las ciencias planetarias.

Su trayectoria de investigación abarca el modelado geofísico, el análisis de datos y el estudio de anomalías naturales, experiencia que informa su enfoque hacia los visitantes interestelares y los enigmas científicos que plantean. Está comprometido con un razonamiento claro y basado en evidencia, y con hacer que los temas técnicos sean comprensibles para un público amplio.

Nacido en México y formado en México y el Reino Unido, posee un Ph.D. en geofísica y escribe en inglés y español. E.A. Gálvez está dedicado a ampliar el acceso a las ideas científicas a través de culturas e idiomas. *Los Visitantes Interestelares* es su primer libro.